典型行业清洁生产政策与技术丛书

制革工业清洁生产政策与技术

党春阁　郭亚静　周长波　著

中国环境出版集团·北京

图书在版编目（CIP）数据

制革工业清洁生产政策与技术/党春阁，郭亚静，周长波著. —北京：中国环境出版集团，2021.12
ISBN 978-7-5111-4910-7

Ⅰ. ①制… Ⅱ. ①党…②郭…③周… Ⅲ. ①皮革工业—无污染工艺—环境保护—环境政策—研究—中国 Ⅳ. ①X794

中国版本图书馆 CIP 数据核字（2021）第 201459 号

出 版 人 武德凯
策划编辑 徐于红
责任编辑 赵 艳
责任校对 任 丽
封面设计 艺友品牌

出版发行 中国环境出版集团
（100062 北京市东城区广渠门内大街 16 号）
网 址：http://www.cesp.com.cn
电子邮箱：bjgl@cesp.com.cn
联系电话：010-67112765（编辑管理部）
发行热线：010-67125803，010-67113405（传真）
印 刷 北京市联华印刷厂
经 销 各地新华书店
版 次 2021 年 12 月第 1 版
印 次 2021 年 12 月第 1 次印刷
开 本 787×960 1/16
印 张 10.5
字 数 165 千字
定 价 46 元

序

我国的皮革制造已有悠久的历史。从石器时代开始，历经青铜时代、铁器时代，时至今日，皮革制品依然在人类社会生产和生活中有着极为广泛的应用。当前，制革工业是我国轻工行业的支柱产业之一，在我国国民经济建设和出口创汇中发挥着重要作用。经过多年的快速发展，我国已成为世界制革产品的主要生产地区。

制革工业快速发展的同时，也带来了环境污染问题。制革污水不仅产生量较大，而且是一种成分复杂、高浓度、含重金属污染物的有机废水，一直是水环境监管的重点，在《水污染防治行动计划》（简称“水十条”）中也被列为专项整治重点。制革企业涉及危险废物产生和排放，一般工业固体废物产生量也较大，危险废物和固体废物管理也是制革企业面临的重要环境管理挑战。制革企业主要分布于人口密集、经济发达的东部沿海地区或者大中城市周边，如华东地区、广东沿海等局部区域，产业发展和环境容量之间的矛盾愈加突出。

党的十九大报告提出到2035年生态环境根本好转、美丽中国目标基本实现的总体要求。当前，我国进入高质量发展阶段，绿色发展成为主旋律，而生态环境压力仍然较大，污染防治进入攻坚期。随着生态文明建设及污染防治攻坚战的持续推进，如何提升行业绿色发展和可持续发展水平，是每一个企业亟待解决的问题。

清洁生产作为我国环境管理制度的重要内容之一，在工业行业环境污染预防中发挥了不容忽视的作用。在制革工业中推行清洁生产技术和管理，不仅有助于企业持续改进生产工艺、提高资源能源利用率、降低生产成本、提高产品质量、减轻环境污染、降低废物处理费用等，也有助于减轻职业伤害、增强企业竞争力、突破绿色贸易壁垒，是解决企业自身环境问题的首选和实现制革工业可持续发展的有效途径。

本书分析了制革工业发展现状及存在的问题，系统整理了制革工业的产业政策、法律法规、标准规范、技术指南等，分析了制革工业的生产工艺及产排污特征，同时充分运用清洁生产的思维和方法学理念，提出了制革工业全过程环境整治提升方案，最后从源头预防与替代、过程控制和末端治理三个方面进行了技术汇总，为行业清洁生产技术推广应用和企业技术改造升级及污染防治水平提升提供参考，助力我国制革工业节能减排和可持续发展。

本书由中国环境科学研究院清洁生产与循环经济中心党春阁工程师、郭亚静高级工程师、周长波研究员共同主持编写，郭亚静、党春阁负责全书统稿和整体修改工作。第 1 章制革工业发展概况，主要由陈晨、胡冬雪编写；第 2 章制革工业清洁生产相关政策法律法规及技术标准规范，主要由苑喜男、李凤果编写；第 3 章制革生产工艺流程及产排污分析，主要由熊仁艳、方刚编写；第 4 章制革工业全过程环境整治提升方案，主要由韩桂梅、周长波编写；第 5 章制革工业污染预防技术，主要由党春阁、李子秀编写；第 6 章制革工业废水处理技术，主要由郭亚静编写；第 7 章制革工业废气处理技术，主要由赵志远、赵辉编写；

第8章制革工业固体废物处理处置及综合利用技术，主要由银光、林雨琛编写。

感谢庞晓燕研究员（中国皮革和制鞋工业研究院有限公司）和于秀玲研究员（中国环境科学研究院）在本书出版过程中提供的诸多建议和指导。

受水平所限，本书所做分析及技术介绍参考了诸多文献，书中不足之处在所难免，恳请广大读者批评指正。

目　录

1 制革工业发展概况

1.1 制革相关名词定义

（1）制革工业

制革工业是指将从猪、牛、羊等动物体上剥下来的皮（即生皮），进行系统的化学和物理处理，制作成适合各种用途的半成品革或成品革的工业生产过程。从半成品革经过加工成为成品革也属于制革工业的范畴。

（2）皮革工业

皮革工业由四个主体行业——制革、毛皮、皮鞋、皮件皮具（皮衣、包袋、沙发、坐垫）和与之配套的四个行业，即皮革化工、皮革机械、皮革五金和皮革代用材料（合成革、再生革）共计八个分支行业组成。

（3）原料皮

原料皮是指制革工业加工皮革所用的最初状态的皮料，包括成品革之前的所有阶段的产品，如生皮、蓝湿革、坯革等。

生皮：制革的基本原料，取自各种动物（主要是家畜）的皮，包括制革加工前未经或已经防腐处理的皮。

蓝湿革：铬鞣后呈蓝绿色的湿革。

坯革：又称半硝革，通常指皮革在鞣制后只经加油、干燥，已染色或未染色，尚未做进一步整饰的在制品。

（4）鞣制

鞣制指皮蛋白质与鞣剂相结合，性质发生根本改变的过程，即由皮变成革。鞣制过程通常会使用鞣剂，从而使胶原纤维之间形成交联，改变皮的结构稳定性和耐湿热稳定性。

（5）轻革

轻革主要是指铬鞣革，厚度较小，质量较轻，一般按面积（如平方米或平方英尺）出售，品种包括鞋面革、服装革及手套革、衬里革、皮辊革、皮圈革、球革等。

1.2 我国制革工业发展历程

中国是世界四大文明古国之一。我国的皮革制造已有悠久的历史。从石器时代开始，历经青铜时代、铁器时代，时至今日，皮革制品依然在人类社会生产和生活中有着极为广泛的应用。

源自动物毛皮的皮革是人类最早学会利用的物资之一（图 1-1～图 1-3）。远古时期的早期人类基本过着“茹毛饮血”的生活。当他们意识到动物毛皮有着御寒保暖等作用时，就将其披挂于身体上或铺盖于身体。后来为了更便于披挂铺盖，他们经过无数次的尝试，终于发现动物的脂肪、脑浆皆具有使动物毛皮软化的作用。于是，对于猎获或自然死亡的动物，他们使用石斧、石铲、石刀等石器工具，将兽皮剥下，铺展开，然后将动物脂肪、脑浆、类脂物等涂抹在皮板上，再用力反复地捶打揉搓，从而使兽皮变得较为柔软、防水，便于保存，这便是油鞣革技术的起源。相较而言，那些没有经过鞣制加工的动物毛皮则又干又硬，使用起来非常困难甚至无法使用。

图 1-1 远古时期兽皮制作的皮革

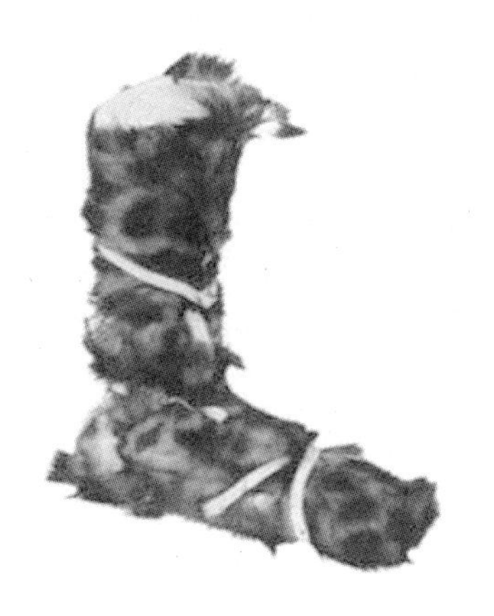

图 1-2 远古居民的裹足兽皮

图 1-3 黑山岩画中伏羲氏身着兽皮

我国的制革工业始于周朝，当时的劳动人民在长期实践中已掌握了烟熏法、油鞣法、皮硝法等制革技术，并设有专门管理制革和毛皮的皮官。从湖南长沙古墓中出土的有战国时期（2 300 多年前）的革制品，如图 1-4、图 1-5 所示。这些珍贵的出土文物充分证明了古代劳动人民的技艺。元代已开始利用植物的皮、叶、果、根的浸提液鞣革，这就是植物鞣法的开始。

图 1-4　皮革鼓面

图 1-5　战国青铜像脚着皮靴

18 世纪，近代科学技术逐渐发展起来，针对制革工艺原理和技术的研究也逐步展开。1884 年发明的二浴铬鞣法和 1893 年发明的一浴铬鞣法加速了制革工业的发展。1911—1915 年，我国天津、上海、广州、四川、甘肃等地相继兴建起规模较大的制革厂。1938 年，国民政府经济部中央工业试验所筹建设立胶体化学（皮革）研究室及制革植物鞣料实验示范工厂，地点在重庆沙坪坝对岸的磐溪，下设鞣料、制革、涂料三个工作组。但总体来看，中华人民共和国成立之前，在国民党政府统治下，民族工商业受到排斥和压制，加上帝国主义的掠夺，导致大量的原料皮出口和大批的皮革与皮革制品输入，对我国规模小、设备简陋的制革工业造成很大冲击，使其陷入朝不保夕的境地。

中华人民共和国成立后，为满足工业发展和国民消费需求，我国大力发展制革工业。1950 年，在扩大牛皮、羊皮制革工业的基础上，开辟了猪皮资源，用于制革工业。多样化的原料皮种类，为我国制革工业开辟了广阔的前途。此后，全国各大、中、小城市相继建立起制革厂，设备基本或大部分实现了机械化，产品质量普遍提高，部分已达到国际水平。除满足国内需求外，部分产品出口进入国际市场，彻底扭转了中华人民共和国成立前出口原料皮、进口革制品的局面。此外，许多地区积极利用本地资源建立起皮革鞣剂、皮革化工和皮革机械工厂。同时，许多皮革科研机构和专业院校陆续创建，为发展制革工业奠定了坚实的基础。

总体来看，我国制革工业发展大体经历了三个阶段：①1910—1949 年为起步阶段，建立起最早的一批现代制革厂，主要采用硝面、烟熏、植鞣等传统鞣法；②1949—1989 年为恢复发展提高阶段，行业技术工艺、生产设备、产品质量和产量大幅提高，铬鞣法逐渐成为轻革鞣制的主流工艺；③1990 年至今为高速发展阶段，随着全面深化改革，全球经济一体化进程逐渐加快，“一带一路”倡议及长江经济带建设、京津冀协同发展等的深入推进，制革工业出口不断增长、企业规模不断扩大、机械化程度不断提高、节能减排意识不断加强，整体向着多样化、个性化、智能化、绿色化方向发展。

经过百余年发展，我国已成为世界公认的制革大国。制革工业作为轻工业的重要组成部分，正承担着由制革“大国”向“强国”转变的重要历史任务，产业梯度转移和区域聚集发展正步入规范、整合、调整、升级的阶段，将发力供给侧结构性改革，坚持创新驱动，不断提升行业可持续发展能力。行业已进入动能转换、结构优化、全面提升行业发展质量的关键时期。

1.3 我国制革工业发展现状

1.3.1 制革工业产量发展情况

自改革开放以来，我国制革工业快速发展。1978 年轻革年产量为 2 659 万标张牛皮（约合 1.11 亿 m^2），1988 年产量达 5 203 万标张牛皮（约合 2.17 亿 m^2），1998 年达到 1.13 亿标张牛皮（约合 4.72 亿 m^2），进入 2000 年以后仍然维持逐年递增，到 2010 年达到最高 7.5 亿 m^2，2013 年以后受国际大环境影响，年产量有所下滑，维持在 6 亿 m^2 左右。

自 2014 年以来，随着《制革行业规范条件》等一系列产业政策的发布实施，制革工业开展了广泛深入的整顿提升工作，区域结构调整基本完成，行业开始整体回暖。加之全球经济复苏，上游原料皮供应量稳步回升，下游制品生产增质提速，我国轻革产量开始逐年增长。2016 年全国轻革产量达到 7.35 亿 m^2，增速达到两位数。

自 2017 年以来，由于原材料、劳动力和能源成本不断上升，环保压力不断加大以及国内外市场不振等多种因素的影响，轻革产量回落明显，2018 年产量仅为 4.96 亿 m^2。2011—2018 年我国制革产量变化情况如图 1-6 所示。

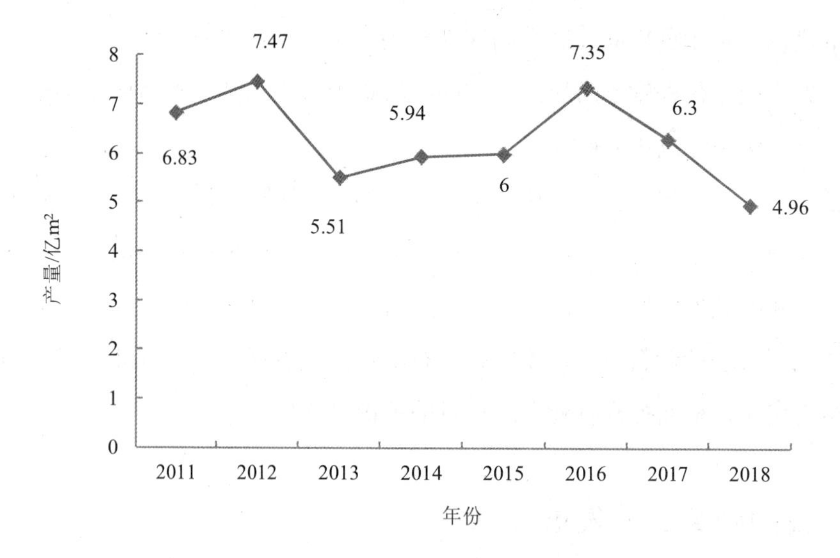

图 1-6　全国轻革产量变化趋势

1.3.2　制革工业产能分布情况

我国轻革产区日趋集中。2018 年全国轻革产量为 4.96 亿 m^2，排名前十的省份分别为河北、浙江、广东、河南、山东、江西、福建、四川、广西、江苏，产量合计为 4.81 亿 m^2，占全国总产量的 96.98%（表 1-1、图 1-7）。其中，河北省 2018 年轻革产量为 1.78 亿 m^2，占全国总产量的 35.89%；浙江省 2018 年轻革产量为 1.03 亿 m^2，占全国总产量的 20.77%；广东省 2018 年轻革产量为 0.44 亿 m^2，占全国总产量的 8.87%。

表 1-1 2018 年十大轻革产区产量情况

序号	地区	产量/亿 m^2	序号	地区	产量/亿 m^2
1	河北	1.78	6	江西	0.274
2	浙江	1.03	7	福建	0.272
3	广东	0.44	8	四川	0.12
4	河南	0.42	9	广西	0.11
5	山东	0.28	10	江苏	0.08

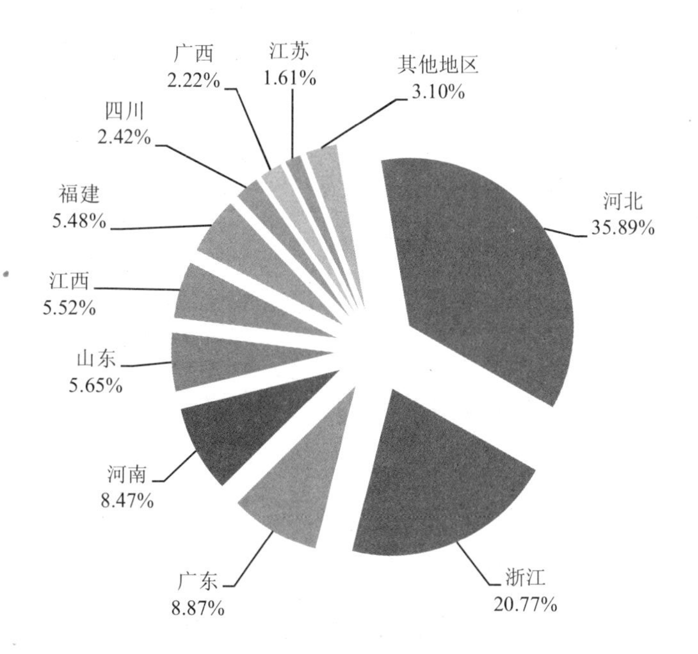

图 1-7 2018 年全国皮革产量区域分布情况

1.3.3 制革及相关皮革产业集群分布情况

目前，我国已经形成了七大皮革产业集群。

（1）珠江三角洲地区（广州、江门、南海）

前沿地带，外资、合资较多；具有技术、信息、市场和人才的优势，产品更新快，市场容量较大。主要生产中高档的皮革、毛皮和皮革制品。拥有广泛影响的专业市场，如广州新濠畔皮料市场、三元里皮具市场、花都狮岭皮具基地等。

（2）福建晋江地区

作为著名的运动鞋、休闲服饰的生产基地，运动鞋、休闲服饰产业带动了皮革业的发展，前几年主要是牛皮二层绒面、仿磨砂革，近几年迅速发展以牛皮头层皮革为主的具有相当规模的制革工厂和相应的制革集中区，产品以柔软的休闲风格为主，也有时尚风格的各种花色品种。随着规模扩张、产品档次提升，晋江地区形成了具有一定影响的龙头品牌企业，以及新的制革产业集群，如泉港工业区和漳浦制革加工区等。

（3）浙江海宁

海宁是具有国际影响的皮革生产和市场基地，拥有亚洲产量最大的卡森集团和规模较大的大众、蒙努、上元、瑞兴等制革及毛皮加工企业，集规模化、规范化、环保化于一体，产品以沙发革为主，大众产品是鞋面革。周边还有许多服装革、羊皮鞋面革的工厂。最具影响力的是海宁皮革城。皮革业是海宁重要的产业之一，地方政府非常重视并积极引导其的发展。

（4）浙江桐乡

桐乡的毛皮产业具有一定水平的毛皮加工基础，特别是近 20 年来发展迅速，形成了颇具影响的裘皮加工基地和贸易市场。目前，桐乡拥有大小毛皮加工企业数百家，主要加工高档细杂皮、裘革产品一体及其服饰制品。

（5）浙江温州

温州的制革、制鞋产业曾是国内外最具有广泛影响的产业集群，随着产品结构调整和环保政策约束等，近几年制革业已有些萎缩，一些制革及毛皮加工排污单位外迁或关闭。目前，尚有部分猪皮鞋里革制革企业，几乎垄断了全国猪皮鞋里革的生产。此外，温州的制鞋业在国内依然占据重要地位。

（6）山东

山东的皮革产业在北方地区仍显优势，其特点是制革及毛皮加工企业单位规模较大，但并非过于集中，如淄博、文登、烟台等地均有制革业。此外还有一些韩资、合资的制革及毛皮加工企业，以及近几年正陆续筹建的滨州制革区。主要产品是牛皮沙发革等。

（7）河北

辛集地区作为具有一定规模的知名绵羊皮服装革加工基地，具有广泛的影响。随着市场的变化和产品结构的调整，辛集地区也建设了相当规模的牛皮沙发革生产线，开发生产时尚的无铬鞣系列产品，如植鞣、白鞣皮革产品。辛集的锚营制革区是目前行业中相对规模化和规范化的园区样板，设有制革区管委会和统一的污水处理设施。无极县也是全国最大的成品革加工基地之一、全国知名的制革基地之一，制革企业的固定资产达到 3.2 亿元，从业人员达到 5 万人，年加工能力达到 2.2 亿平方尺①，产品有牛皮、猪皮、马皮、驼皮、狗皮等各类服装革，沙发革，鞋面革，手套革，包带革等，主要产品牛皮沙发革、牦牛皮服装革已达到亚洲同类先进水平，汽车座套革、鞋面革已达到国内先进水平。产品销往全国各地及美国、俄罗斯、韩国等国家和地区，全国市场占有率为 4.9%。

1.4 我国制革工业绿色发展的主要问题

1.4.1 结构性矛盾较为突出

制革工业的结构性矛盾表现在区域结构、行业结构、企业结构、产品结构等方面的不合理。从区域结构来看，作为劳动密集型行业，制革企业却主要分布于经济发达地区或者大中城市周边，如华东地区、广东沿海等局部区域。从行业结构来看，行业内部的各配套行业间的比例失调，如制革厂与皮革化工厂的比例很不协调等。从企业结构来看，“大而全”“小而全”形式的完整型企业较多，协作型企业偏少。完整型企业是指那些固定资产投入大、应变能力差的企业群体，对

① 1 平方尺≈0.111 m^2。

企业整体素质要求很高；协作型企业是指那些可以相互协作的企业群体，规模不大，但专业化程度高。从产品结构来看，制革、制鞋行业普遍存在低档产品生产能力过剩，高档产品生产能力不足的问题。多家企业产品品种雷同的现象较为突出，具有自己特色的厂家相对较少。

1.4.2 工艺技术与装备不够先进

制革是一种传统工业，就目前我国发展水平而言，正处于技术更新、产品升级的阶段，正从只注重产品技术向产品技术与清洁生产技术并重的过程跃进。在这一发展过程中仍存在一些问题：在清洁生产技术开发和应用方面，产、学、研的合作广泛性和深度不够，已开发的单元清洁生产技术的成熟性、经济性、适用性尚不理想；在制革污染物减排方面，需注意单元清洁生产技术之间以及清洁生产技术与常规技术之间的工艺平衡研究，保证皮革品质，而多数制革企业对这方面认识不足；亟须加强各项单元清洁生产技术的集成链接验证、调试和完善，使清洁生产技术真正转化为有效益的技术。

制革专用机械设备和环保设备的开发不足，以及落后的工艺技术，直接制约了制革新技术的推广使用。这主要是因为：我国目前尚无专业制革机械和环保设备的研发机构，研发力量薄弱，设备的更新换代慢；缺乏成套、成型、标准化制革设备的研发、生产和使用机制，影响了新设备的推广；现行制革企业生产线已经规划建设完毕，而新设备的使用受场地、技术条件所限，无法安装或无法实现理想的效果；新设备的引入会带来投资增加等问题。

1.4.3 皮革化工材料良莠不齐

制革加工过程同时是皮革化工材料使用的过程。按照使用工段区分，皮革化工材料可分为准备和鞣制工段皮革化工材料、湿整饰工段皮革化工材料和干整饰工段皮革化工材料。我国准备和鞣制工段、湿整饰工段皮革化工材料与国外差距较小，但是干整饰工段，尤其是涂饰用皮革化工材料与国外差距明显。主要是由两方面原因造成的。

第一，国外皮革化工企业研发设计产品之初就注重功能化与环境友好相结合；从技术研发到产品应用全过程与制革企业紧密合作，产品技术与应用数据翔实，可最大限度地发挥材料的功能特性；产品种类齐全，覆盖制革生产的所有工序，特色产品性能突出，市场影响力大。

第二，我国皮革化工材料产品相关的国家或行业标准少、不规范，导致产品门类混杂、质量良莠不齐；国内皮革化工企业数量众多，但多数企业技术研发投入不足，注重“短、平、快”，缺乏长远规划；产品研发以模仿为主，注重产品功能，缺乏产品结构设计和环保意识；价格竞争和不正当竞争现象长期存在。

1.4.4 废水处理模式不够合理

目前，我国制革工业的废水处理模式仍存在不够合理之处，主要表现为以下三个方面。

（1）多家工厂废水混合后治理。限于制革企业规模、经济效益、地方政策等原因，我国有30%～40%的制革企业对废水采取自行处理达标后直接排放的方式，更多的企业采用将废水排入园区或市政污水管网的方式。其中一部分企业将废水直接或经简单物化处理后排放到园区或市政污水管网，这种方式明显不适应现代管理的要求。制革企业加工原料和产品风格的多样性，造成制革废水成分的复杂性，多家企业废水混合后再治理的后果就是园区/城镇污水综合治理较难达标或运行成本过高。另外，制革企业不直接进行废水处理，会忽视废水处理的难度，降低废水分流、节水减排的主观能动性。

（2）多工序废水混合治理。现阶段，我国多数制革企业仍采取各工序废水混合后综合处理的方式。较为科学的处理方式是废水分流分质处理与综合处理相结合。这是因为制革过程中各工序的废水差异明显，成分复杂，如果将产污量较突出的单工序废水单独处理，其废水处理设计具有针对性，能够降低处理难度，同时还能提高处理效果。经过处理的单工序废水可回用或与其他废水混合后进行综合处理，这样可以大幅降低综合废水处理难度。目前不到30%的制革企业采取了主要单工序废水分流处理技术，主要包括脱毛浸灰废液、脱脂废液、铬鞣废液单独处理技术，单工序废水经处理后循环使用或再排入综合废水，在回收资源、减少排放的同时降低了综合废水处理难度。

（3）北方地区制革企业排放废水中的含盐问题也越来越对环境造成不可忽视的影响。我国北方地区降水量小、蒸发量大，而制革企业生产废水中含盐量高，如果不加控制，高盐浓度的废水将造成我国北方内陆地区土壤环境恶化，导致土壤板结、盐碱化等不良后果。传统制革废水中的氯离子浓度较高，一般超过了3 000 mg/L。制革厂一般采用末端治理的方式处理综合废水，由于氯离子极易溶于水，目前实施的末端处理技术几乎不能降低废水中的氯离子含量。《制革及毛皮加工工业水污染物排放标准》（GB 30486—2013）中的特别排放限值中氯离子排放浓度为1 000 mg/L，依靠现有污水处理技术，除MVR（蒸汽浓缩法）处理技术外，很难达到该要求。因此，在制革生产过程中采用清洁生产技术减少氯离子的产生无疑是解决这一问题的最好途径。

1.4.5 固体废物处理机制尚不完善

制革工业固体废物包括无铬皮革固废、含铬皮革固废、染色坯革固废和制革污泥。目前，制革工业固体废物处理主要存在以下三方面的问题。

（1）固体废物处理政策导向问题。固体废物处理的一般原则是资源化、无害化、减量化。目前，我国制革固废处理尚处于无害化和减量化的阶段，其资源化利用才刚刚受到关注。

（2）固体废物处理过程规范化处理机制不够完善。如制革污泥处理时存在直接堆放或简单填埋现象，对含铬污泥在填埋前未做无害化预处理，贮存方式多样分散，导致了可再生资源的浪费和环境的二次污染等问题。

（3）固体废物处理过程经济效益问题。制革固体废物处理或资源再利用长期处于微利或负债经营状况，需要政府政策倾斜或企业长期资金补助，降低了企业固废治理及再利用的主动性和持续性。

1.4.6 环境管理水平有待提升

目前，我国制革工业的环境管理体系尚不健全，企业对环境行为的认知程度和实施能力有待提高，尚处于被动管理阶段，对污染物治理也主要采取末端治理。现阶段大部分企业只关注污水治理，仅有少部分企业高度关注污染源头控制、固体废物减量化和无害化处理、废气污染治理等问题。将生产加工与环境治理分开，这样容易造成污染治理成本高、效率低、事故多等问题。建立和健全制革工业的环境管理体系，需改变观念，对环境行为有一个科学的认识，制订源头控制、末端治理和生态生产的全过程结合管理方案，推行清洁生产，做到节能降耗、降低生产和环境成本，环境管理变被动为主动，这样制革工业才能可持续发展。

制革工业清洁生产相关政策法律法规及技术标准规范

2.1 制革工业产业政策要求

2.1.1 国家产业政策要求

（1）《工业和信息化部关于制革行业结构调整的指导意见》（工信部消费〔2009〕605号）

为全面贯彻落实《轻工业调整和振兴规划》，进一步推动制革工业结构调整，实现制革工业又好又快发展，工业和信息化部于2009年12月印发了《制革行业结构调整的指导意见》。该意见主要从四个方面明确了制革行业结构调整的内容，强调了加快制革行业结构调整的重要性和紧迫性，明确了制革行业结构调整的指导思想和基本原则，对制革行业结构调整的主要任务和重点工作作了部署，并提出了主要的政策措施。其中主要任务和重点工作包括：

立足国内畜牧发展，增加国内原料皮供给；调整产业布局，促进行业可持续发展，合理区域布局，形成东中西部优势互补、良性互动，制革优势区域协调发展格局；调整产品结构，提升产品质量水平；加快自主创新步伐，改造提升制革工业；淘汰落后生产能力，提高行业准入门槛；大力推进节能降耗，减少制革污染排放等。

（2）《制革行业规范条件》（工信部2014年第31号公告）

为促进我国制革行业结构调整和产业升级，规范行业投资行为，避免低水平重复建设，促进产业合理布局，提高资源利用率，保护生态环境，实现行业可持续健康发展，工业和信息化部于2014年印发了《制革行业规范条件》，重点从企业布局、企业生产规模、工艺技术与装备、环境保护、职业安全卫生和监督管理等方面，对制革行业提出了要求：

从生产规模看，新建（改扩建）生产成品革的制革企业，年加工能力不低于30万标准张牛皮，与《工业和信息化部关于制革行业结构调整的指导意见》提出的严格限制投资新建年加工10万标张以下的制革项目相比，提高了20万标张。现有制革企业生产规模应符合有关产业政策要求，鼓励小规模企业依法进行兼并重组，且重组后的企业生产规模要达到新建（改扩建）企业要求。

从工艺技术与装备看，新建（改扩建）企业应采取各种清洁生产技术和节水工艺，采用能实现节能减排的水场加工设备和机械设备；现有企业应进行节水和清洁生产改造，在技术改造过程中，应积极采用节能减排降耗设备。这些要求，是减少制革工业污染物、提高资源利用率、推动产业升级的重要措施。

从环境保护方面看，新老企业都要依法执行环境影响评价、排污许可证等制度；污染物要达标排放并符合总量要求，对固体废物依据减量化、资源化、无害化的原则依法规范处理；按规定安装自动在线监控设施；做好环境风险防范预案；有效分离含铬废水并达标处理。

从职业安全卫生方面看，新老企业都应依法建立健全安全生产、消防安全、职业病防治管理制度并落实责任制。此外，职业安全卫生对生产作业环境、原料皮和化工材料的存放、职工安全防护和健康检查等也作出了规定。

该规范条件的发布，对规范行业投资行为，避免低水平重复建设，促进产业合理布局，提高资源利用率，保护生态环境具有重要意义。

（3）《制革行业节水减排技术路线图》

《制革行业节水减排技术路线图》由中国皮革协会于2015年发布，并于2018

年进行了修订。该路线图提出了制革行业未来 5～10 年的节水减排工作规划和方向。路线图内容涵盖“制革行业节水减排现状”“节水减排技术发展存在的问题”“节水减排需求分析”“节水减排支撑技术”“关键技术研发与重点发展方向”以及“制革行业节水减排技术路线”六大方面。同时，明确了制革行业未来 5～10 年的节水减排目标。经过“十三五”时期节水减排技术的普及，在行业皮革产量不变的情况下，2020 年废水排放量、COD_{Cr}、氨氮、总氮和总铬的排放量比 2014 年分别削减 9.7%、30.5%、39.8%、35.5%和 27.7%；到 2025 年，年废水排放量、COD_{Cr}、氨氮、总氮和总铬的排放量比 2014 年分别削减 19.3%、37.9%、59.6%、53.9%和 48.3%。制革行业节水减排技术路线见图 2-1。

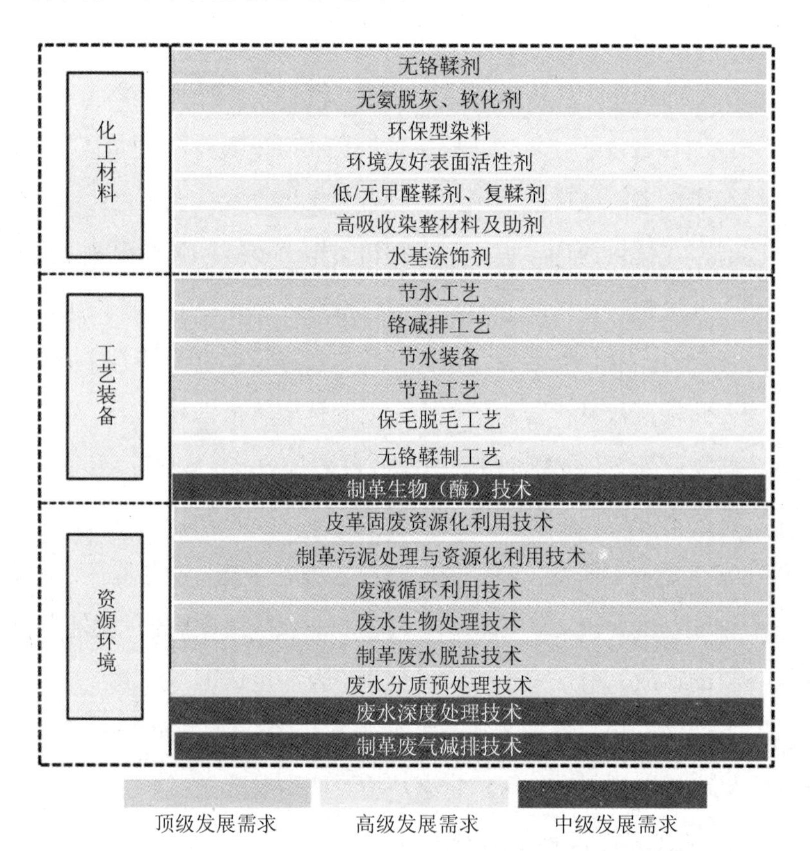

图 2-1 制革行业节水减排技术路线

（4）《中国皮革行业发展规划（2016—2020 年）》

《中国皮革行业发展规划（2016—2020 年）》（以下简称《发展规划》）是中国皮革协会于 2016 年发布的。《发展规划》主要内容集中在三个方面，一是总结了“十二五”期间皮革行业取得的九个方面的主要成绩，同时理性探讨了当前存在的问题。二是分析了“十三五”期间皮革行业所面临的新形势和发展的机遇，作出综合判断。三是在此基础上提出未来五年皮革行业发展的战略目标、主要任务和政策措施，并对各分行业提出了技术和产品的重点发展方向。《发展规划》提出了 2016—2020 年即“十三五”时期皮革行业十大发展目标。这十大发展目标如下：

——生产与效益平稳增长。稳步提高皮革行业主要产品产销量，稳定出口，扩大内需，不断提高产品附加值，提高行业整体效益水平，保持行业销售收入年均增长 7%。

——研发设计创新能力不断提高。规模以上企业研究与试验发展（R&D）经费投入强度年均增长 10%以上，大幅增加专利数量，建立以企业为主体，市场为导向，政产学研用相结合的创新体系。

——产业结构更趋合理。积极推进生产制造业与生产性服务业协调发展，推进大企业与中小微企业协调发展，推动主体行业与配套行业协调发展，进一步增强产业链整体竞争力。

——出口结构进一步优化。保持行业出口总额稳步增长，进一步提升高附加值产品和自有品牌产品出口比重；巩固欧美日传统出口市场优势，优化出口目的地结构，新兴市场所占份额从 49%提高到 55%。

——质量品牌效益显著提高。加强标准体系建设，鞋的国际标准采标率从 90%提高到 95%；皮革、毛皮及其制品的国际标准采标率从 42%提高到 52%；以真皮标志、生态皮革为载体，培育一批行业知名品牌，创出 3～5 个国际有影响力的品牌。

——智能制造水平大幅提升。提高国产装备的自动化和智能化水平，提升行业全流程两化融合水平，提高数字化研发比例，推动生产制造梯次向自动化、半智能化、智能化方向转变。

——绿色制造水平大幅提升。进一步提高清洁生产水平，提高废水循环利用率，降低生产过程中能耗、物耗及污染物排放量，基本实现生产废弃物的资源再利用。单位原料皮废水、化学需氧量、氨氮、总氮排放量分别削减9%、15%、25%、30%。

——产业集群建设稳步推进。产业集群销售收入占行业规模以上企业销售收入的比重达到50%以上，坚持差异化、区域协调发展，推出一批在转型升级方面起引领作用的产业集群，同时积极培育新兴产业集群，优化产业空间布局。

——全渠道营销能力不断优化。鼓励线上线下相结合的营销体系发展，利用各类电子商务平台，积极发展跨境电子商务，培育一批以大型专业市场为代表的现代流通企业，品牌企业线上销售占比达10%以上。

——行业人才梯队基本形成。积极开展不同层级的行业技能培训和竞赛，完善适应当前及今后行业发展需要的人才梯队培育机制，全面提升行业人力资本素质。

（5）《轻工业发展规划（2016—2020年）》（工信部规〔2016〕241号）

《轻工业发展规划（2016—2020年）》（以下简称《规划》）由工业和信息化部于2016年发布。《规划》提出，“十三五”要以市场为导向，以提高发展质量和效益为中心，以深度调整、创新提升为主线，以企业为主体，以增强创新、质量管理和品牌建设能力为重点，大力实施增品种、提品质、创品牌的“三品”战略，改善营商环境，从供给侧和需求侧两端发力，推进智能和绿色制造，优化产业结构，构建智能化、绿色化、服务化和国际化的新型轻工业制造体系，为建设制造强国和服务全面建成小康社会的目标奠定基础。《规划》从大力实施“三品”战略、增强自主创新能力、积极推动智能化发展、着力调整产业结构、全面推行绿色制造、统筹国内外市场六个方面提出了具体任务部署。《规划》作为“十三五”时期指导轻工业发展的专项规划，将指导未来五年轻工业创新发展，推动由“轻工大国”向“轻工强国”转变。其中制革行业重点任务工程和发展方向包括：

三、重点任务工程

专栏 2：关键共性技术研发与产业化工程

4.皮革：生物酶制革及毛皮加工技术，功能型皮革和鞋类制造技术。

专栏 3：新材料研发及应用工程

3.皮革：环保型和功能型关键化工材料、面辅料。

专栏 4：基础性创新平台建设工程

3.皮革：皮革行业创新设计平台建设。

专栏 5：重点装备制造水平提升工程

3.皮革机械：精密剖层机及自动拉皮装备，制革及毛皮加工节水装备，皮革行业关键工序自动化设备。

专栏 6：智能化发展推进工程

8.智能装备：基于物联网的液态食品包装装备，皮革行业制造自动化设备，新型高效智能塑料机械，实现中央控制和远程监控的大型环保智能中央洗涤工厂关键装备，高精度智能称重设备。

专栏 7：产业结构优化工程

3.公共服务平台建设。在家用电器、皮革、家具、五金制品、照明电器、陶瓷、玩具、缝制机械等发展基础较好的产业集群，建立和完善一批公共服务平台。

专栏 8：节能减排技术推广工程

2.皮革：毛皮及制革加工废水循环利用，高吸收染整，无铬鞣制技术，节盐节水技术，污泥资源再利用技术。

四、主要行业发展方向

3.皮革工业。推动皮革工业向绿色、高品质、时尚化、个性化、服务化方向发展。推动少铬无铬鞣制技术、无氨少氨脱灰软化技术、废革屑污泥等固废资源化利用技术的研发与产业化。支持三维（3D）打印等新技术在产品研发设计中的应用。加快行业新型鞣剂、染整材料、高性能水性胶黏剂、横编织及无缝针车鞋面等皮革行业新材料发展。重点发展中高端鞋类和箱包等产品，以真皮标志和生态皮革为平台，培育国内外知名品牌。建立柔性供应链系统，发展基于脚型大数据的批量定制、个性化定制等智能制造模式，推进线上线下全渠道协调发展。

（6）《外商投资产业指导目录（2017 年修订）》（国家发展改革委 2017 年第 4 号令）

《外商投资产业指导目录（2017 年修订）》（以下简称《目录》）是国家发展改革委 2017 年修订发布的。《目录》是我国引导外商投资的重要产业政策。自 1995 年首次发布以来，根据经济发展和对外开放需要，适时修订，目前已经是第 7 次修订。《目录》限制性措施共 63 条（包括限制类条目 35 条、禁止类条目 28 条），比 2015 年版的 74 条限制性措施（限制类条目 38 条、禁止类条目 36 条）减少了 11 条。与此同时，鼓励类条目数量基本不变，继续鼓励外资投向先进制造、高新技术、节能环保、现代服务业等领域。涉及制革工业内容有：

鼓励外商投资产业目录

（六）皮革、毛皮、羽毛及其制品和制鞋业

28. 皮革和毛皮清洁化技术加工。

29. 皮革后整饰新技术加工。

30. 皮革废弃物综合利用。

（7）《产业结构调整指导目录（2019 年本）》（国家发展改革委 2019 年第 29 号令）

2019 年由国家发展改革委修订发布的《产业结构调整指导目录（2019 年本）》，共涉及行业 48 个，条目 1 477 条，其中鼓励类 821 条、限制类 215 条、淘汰类 441 条。该目录重点：一是推动制造业高质量发展。目录中制造业相关条目共 900 多条，占总条目数的 60%以上。二是促进形成强大国内市场。重点是加强农业农村基础设施建设，改善农村人居环境，促进农村一二三产业融合发展；提高现代服务业效率和品质，推动公共服务领域补短板，加快发展现代服务业；促进汽车、家电、消费电子产品等更新消费，积极培育消费新增长点。三是大力破除无效供给，适度提高限制和淘汰标准。四是提升科学性、规范化水平。涉及皮革方面的内容有：

第一类 鼓励类

十九、轻工

16. 制革及毛皮加工清洁生产、皮革后整饰新技术开发及关键设备制造、含铬皮革固体废弃物综合利用；皮革及毛皮加工废液的循环利用，三价铬污泥综合利用；无灰膨胀（助）剂、无氨脱灰（助）剂、无盐浸酸（助）剂、高吸收铬鞣（助）剂、天然植物鞣剂、水性涂饰（助）剂等高档皮革用功能性化工产品开发、生产与应用。

（8）《国家鼓励的工业节水工艺、技术和装备目录》

《国家鼓励的工业节水工艺、技术和装备目录》是工信部、水利部为贯彻落实最严格水资源管理制度，推广先进适用的节水工艺、技术和装备，不断提升工业用水效率，促进工业绿色发展联合编制的。目前已发布 3 批目录。其中涉及皮革工艺技术和装备主要有：

《国家鼓励的工业节水工艺、技术和装备目录》（第一批）：

十一 皮革行业

86. 牛皮蓝湿革生产节水工艺

该工艺采用灰碱保毛脱毛工艺和浸灰废液循环利用、无铵盐脱灰软化、少铬鞣和铬鞣废液循环利用等技术。采用灰碱保毛脱毛浸灰工艺，比传统毁毛脱毛浸灰工艺节水 40%；采用超载转鼓，用水量较少，比普通转鼓节水 30%～50%，比划槽节水 50%～100%；少铬鞣制和铬鞣废液直接循环利用，节水约 60%。与传统工艺相比，吨牛皮蓝湿皮水耗由 18 m^3 降至 12.4 m^3。适用于牛皮制革企业。目前，普及率为 7%，预计 2015 年普及率达 10%，年节水量约 50 万 m^3。河北东明牛皮制革有限公司年产牛皮 70 万张，总投资 1 412 万元，2007 年 6 月投运。采用该技术，年节水量约 10 万 m^3。

《国家鼓励的工业节水工艺、技术和装备目录》（2019）：

八、皮革行业

119. 制革浸灰与浸酸铬鞣废液封闭循环技术

该技术将浸灰和浸酸铬鞣工段的废液分别独立收集，针对各废液中可有效再使用物质（例如石灰、硫化物、酶类、铬等）的含量和特点，补充加入相应制剂，直接代替新水反复用于生产，实现浸灰工序和浸酸铬鞣工序的废液循环利用。适用于制革浸灰与浸酸铬鞣废液处理利用。

120. 牛皮蓝湿革生产节水工艺

该工艺采用灰碱保毛脱毛工艺和浸灰废液循环利用、无铵盐脱灰软化、少铬鞣和铬鞣废液循环利用等技术。灰碱保毛脱毛浸灰工艺，比传统毁毛脱毛浸灰工艺节水 40%；超载转鼓，用水量较少，比普通转鼓节水 30%～50%，比划槽节水 50%～80%；少铬鞣制和铬鞣废液直接循环利用，节水约 60%。与传统工艺相比，吨牛皮蓝湿皮水耗由 18 m^3 降至 12.4 m^3。适用于制革生产企业。

2.1.2 地方产业政策要求

各个地方关于制革工业产业的政策要求主要体现在加快皮革行业结构调整、落实皮革行业整治责任等几个方面，对制革工业的发展提出了更加严格的政策要求，从而在保证产能的同时达到促进行业持续稳定健康发展的目的。由于本书篇幅所限，地方产业政策里的具体内容不再详述，读者可根据需求按照文件名称自行查阅。地方关于制革工业产业的政策要求见表 2-1。

表 2-1 地方关于制革工业产业的政策要求

序号	省份	文件名称	文号
1	广东	《广东省环境保护厅 广东省发展和改革委员会关于实施差别化环保准入促进区域协调发展的指导意见》	粤环〔2014〕27 号
2		《珠海市实施差别化环保准入指导意见》	珠环〔2017〕28 号
3	福建	《福建省人民政府办公厅关于加强皮革行业污染防治工作的通知》	闽政办〔2010〕194 号
4	河北	《河北省制革产业污染专项整治工作实施方案》	冀水领办〔2017〕33 号
5	浙江	《辛集市制革工业转型升级工作实施方案》	辛政发〔2017〕15 号
6		《浙江省印染造纸制革化工等行业整治提升方案》	浙环发〔2012〕60 号

2.2 制革工业环境管理要求

2.2.1 国家环境管理政策要求

（1）《制革、毛皮工业污染防治技术政策》（环发〔2006〕38号）

为防治制革、毛皮工业污染物对环境的污染，引导制革、毛皮工业污染防治技术的开发和应用，逐步实现清洁生产，促进制革、毛皮工业规模化和可持续发展，国家环境保护总局于2006年制定发布了《制革、毛皮工业污染防治技术政策》。该文件重点包含了生产技术和工艺9项，节水措施3项，集中制革、污染集中治理措施4项，废水治理工艺6项，制革固体废物处置和综合利用技术5项，恶臭防治措施2项和鼓励研究、开发的技术5项。文件提出：

鼓励采用清洁生产工艺，使用无污染、少污染原料，采用节水工艺，逐步淘汰严重污染环境的落后工艺；彻底取缔3万标张皮（折牛皮，细毛皮企业规模应酌情考虑，按自然张计算，以下同）以下的小型制革企业，推行集中制革、污染集中治理；建设和完善污水处理设施，引导开展固体废物的资源综合利用，力争使制革、毛皮工业环境污染问题得到较好解决。新（改、扩）建制革企业应采用二级生化法处理其工艺废水，采用成熟的清洁生产工艺进行制革生产；至2010年底之前，现有制革、毛皮废水应经过二级生化法处理，采用成熟的清洁生产技术和工艺；需制定发布更为严格的制革、毛皮工业污染物排放标准。至2015年底之前，力争在全行业中基本采用清洁生产技术和工艺，满足清洁生产的基本要求。

（2）《2013年国家鼓励发展的环境保护技术目录》和《2013年国家先进污染防治示范技术名录》（环境保护部公告 2013年第83号）

《2013年国家鼓励发展的环境保护技术目录》和《2013年国家先进污染防治示范技术名录》是环境保护部为贯彻落实《国务院关于加强环境保护重点工作的

意见》(国发〔2011〕35 号),加快环保先进技术示范、应用和推广,于 2013 年进行修订发布的。其中涉及的制革工业技术有:制革废液中铬盐的循环利用技术;双介质阻挡放电等离子体工业异味废气处理技术;屠宰厂、皮革厂废弃物生产蛋白质技术;工业危险废物焚烧处理技术;污泥干化和清洁焚烧技术;低温等离子体处理有机废气净化技术等。

(3)《水污染防治行动计划》(国发〔2015〕17 号)

为切实加大水污染防治力度,保障国家水安全,国务院于 2015 年制定了《水污染防治行动计划》。文件共包括 10 条、35 款、76 项、238 个具体措施,提出到 2030 年,力争全国水环境质量总体改善,水生态系统功能初步恢复;到本世纪中叶,生态环境质量全面改善,生态系统实现良性循环的工作目标。其中涉及制革工业内容如下:

狠抓工业污染防治。取缔“十小”企业。全面排查装备水平低、环保设施差的小型工业企业。2016 年底前,按照水污染防治法律法规要求,全部取缔不符合国家产业政策的小型造纸、制革、印染、染料、炼焦、炼硫、炼砷、炼油、电镀、农药等严重污染水环境的生产项目。

专项整治十大重点行业。制定造纸、焦化、氮肥、有色金属、印染、农副食品加工、原料药制造、制革、农药、电镀等行业专项治理方案,实施清洁化改造。新建、改建、扩建上述行业建设项目实行主要污染物排放等量或减量置换。2017 年底前……制革工业实施铬减量化和封闭循环利用技术改造。

推进循环发展。加强工业水循环利用。推进矿井水综合利用,煤炭矿区的补充用水、周边地区生产和生态用水应优先使用矿井水,加强洗煤废水循环利用。鼓励钢铁、纺织印染、造纸、石油石化、化工、制革等高耗水企业废水深度处理回用。

提高用水效率。

抓好工业节水。制定国家鼓励和淘汰的用水技术、工艺、产品和设备目录,完善高耗水行业取用水定额标准。开展节水诊断、水平衡测试、用水效率评估,严格用水定额管理。

（4）《土壤污染防治行动计划》（国发〔2016〕31号）

为切实加强土壤污染防治，逐步改善土壤环境质量，国务院于2015年制定了《土壤污染防治行动计划》。文件共提出231项具体措施，并提出到2030年，全国土壤环境质量稳中向好，农用地和建设用地土壤环境安全得到有效保障，土壤环境风险得到全面管控；到本世纪中叶，土壤环境质量全面改善，生态系统实现良性循环的工作目标。其中涉及制革工业内容如下：

全面强化监管执法。明确监管重点。重点监测土壤中镉、汞、砷、铅、铬等重金属和多环芳烃、石油烃等有机污染物，重点监管有色金属矿采选、有色金属冶炼、石油开采、石油加工、化工、焦化、电镀、制革等行业，以及产粮（油）大县、地级以上城市建成区等区域。

防控企业污染。严格控制在优先保护类耕地集中区域新建有色金属冶炼、石油加工、化工、焦化、电镀、制革等行业企业，现有相关行业企业要采用新技术、新工艺，加快提标升级改造步伐。

明确管理要求。建立调查评估制度。2016年底前，发布建设用地土壤环境调查评估技术规定。自2017年起，对拟收回土地使用权的有色金属冶炼、石油加工、化工、焦化、电镀、制革等行业企业用地，以及用途拟变更为居住和商业、学校、医疗、养老机构等公共设施的上述企业用地，由土地使用权人负责开展土壤环境状况调查评估；已经收回的，由所在地市、县级人民政府负责开展调查评估。自2018年起，重度污染农用地转为城镇建设用地的，由所在地市、县级人民政府负责组织开展调查评估。调查评估结果向所在地环境保护、城乡规划、国土资源部门备案。

严控工矿污染。加强日常环境监管。各地要根据工矿企业分布和污染排放情况，确定土壤环境重点监管企业名单，实行动态更新，并向社会公布。列入名单的企业每年要自行对其用地进行土壤环境监测，结果向社会公开。有关环境保护部门要定期对重点监管企业和工业园区周边开展监测，数据及时上传全国土壤环境信息化管理平台，结果作为环境执法和风险预警的重要依据。适时修订国家鼓励的有毒有害原料（产品）替代品目录……有色金属冶炼、石油加工、化工、焦化、电镀、制革等行业企业拆除生产设施设备、构筑物和污染治理设施，要事先制定残留污染物清理和安全处置方案，并报所在地县级环境保护、工业和信息化部门备案；要严格按照有关规定实施安全处理处置，防范拆除活动污染土壤。

（5）《“十三五”生态环境保护规划》（国发〔2016〕65 号）

《“十三五”生态环境保护规划》（以下简称《规划》）由国务院于 2016 年发布。《规划》提出了到 2020 年生态环境质量总体改善的目标，并确定了打好大气、水、土壤污染防治三大战役和七大任务。七大任务分别是：强化源头防控，夯实绿色发展基础；深化质量管理，大力实施三大行动计划；实施专项治理，全面推进达标排放与污染减排；实行全程管控，有效防范和降低环境风险；加大保护力度，强化生态修复；加快制度创新，积极推进治理体系和能力现代化；实施一批国家生态环境保护重大工程。其中涉及制革工业内容如下：

完善环境标准和技术政策体系。

实施重点行业企业达标排放限期改造，发布重点行业污染治理技术……以钢铁、水泥、石化、有色金属、玻璃、燃煤锅炉、造纸、印染、化工、焦化、氮肥、农副食品加工、原料药制造、制革、农药、电镀等行业为重点，推进行业达标排放改造。

推动治污减排工程建设，各省（区、市）要制定实施造纸、印染等十大重点涉水行业专项治理方案，大幅降低污染物排放强度。

加强重点行业环境管理。严格控制涉重金属新增产能快速扩张，优化产业布局，继续淘汰涉重金属重点行业落后产能……制定电镀、制革、铅蓄电池等行业工业园区综合整治方案，推动园区清洁、规范发展。强化涉重金属工业园区和重点工矿企业的重金属污染物排放及周边环境中的重金属监测，加强环境风险隐患排查，向社会公开涉重金属企业生产排放、环境管理和环境质量等信息。

强化环境硬约束推动淘汰落后和过剩产能。建立重污染产能退出和过剩产能化解机制，对长期超标排放的企业、无治理能力且无治理意愿的企业、达标无望的企业，依法予以关闭淘汰……依据区域资源环境承载能力，确定各地区造纸、制革、印染、焦化、炼硫、炼砷、炼油、电镀、农药等行业规模限值。实行新（改、扩）建项目重点污染物排放等量或减量置换。

（6）《“十三五”节能减排综合工作方案》（国发〔2016〕74号）

《“十三五”节能减排综合工作方案》由国务院于2016年12月20日发布，该方案是为落实节约资源和保护环境基本国策，以提高能源利用效率和改善生态环境质量为目标，以推进供给侧结构性改革和实施创新驱动发展战略为动力，坚持政府主导、企业主体、市场驱动、社会参与，加快建设资源节约型、环境友好型社会，确保完成“十三五”节能减排约束性目标，保障人民群众健康和经济社会可持续发展，促进经济转型升级，实现经济发展与环境改善双赢，为建设生态文明提供有力支撑。其中涉及制革工业内容如下：

二、优化产业和能源结构

（三）促进传统产业转型升级。深入实施“中国制造2025”，深化制造业与互联网融合发展，促进制造业高端化、智能化、绿色化、服务化。构建绿色制造体系，推进产品全生命周期绿色管理，不断优化工业产品结构。支持重点行业改造升级，鼓励企业瞄准国际同行业标杆全面提高产品技术、工艺装备、能效环保等水平。严禁以任何名义、任何方式核准或备案产能严重过剩行业的增加产能项目。强化节能环保标准约束，严格行业规范、准入管理和节能审查，对电力、钢铁、建材、有色、化工、石油石化、船舶、煤炭、印染、造纸、制革、染料、焦化、电镀等行业中，环保、能耗、安全等不达标或生产、使用淘汰类产品的企业和产能，要依法依规有序退出。

四、强化主要污染物减排

（十四）控制重点区域流域排放……结合环境质量改善要求，实施行业、区域、流域重点污染物总量减排，在重点行业、重点区域推进挥发性有机物排放总量控制，在长江经济带范围内的部分省市实施总磷排放总量控制，在沿海地级及以上城市实施总氮排放总量控制，对重点行业的重点重金属排放实施总量控制。加强我国境内重点跨国河流水污染防治……分区域、分流域制定实施钢铁、水泥、平板玻璃、锅炉、造纸、印染、化工、焦化、农副食品加工、原料药制造、制革、电镀等重点行业、领域限期整治方案，升级改造环保设施，确保稳定达标。实施重点区域、重点流域清洁生产水平提升行动。

（7）《污染地块土壤环境管理办法（试行）》（环境保护部令 2016 年第 42 号）

《污染地块土壤环境管理办法（试行）》（以下简称《办法》）由环境保护部于 2016 年审议通过并发布，主要规定了以下制度：地块土壤环境调查与风险评估制度、污染地块风险管控制度，以及污染地块治理与修复制度。

《办法》所称疑似污染地块，是指从事过有色金属冶炼、石油加工、化工、焦化、电镀、制革等行业生产经营活动，以及从事过危险废物贮存、利用、处置活动的用地。按照国家技术规范确认超过有关土壤环境标准的疑似污染地块，称为污染地块。《办法》所称疑似污染地块和污染地块相关活动，是指对疑似污染地块开展的土壤环境初步调查活动，以及对污染地块开展的土壤环境详细调查、风险评估、风险管控、治理与修复及其效果评估等活动。

《办法》指出，应按照“谁污染，谁治理”的原则，造成地块土壤污染的单位或者个人应当承担环境调查、风险评估、风险管控或者治理与修复的主体责任。

《办法》要求，经风险评估确认地块污染风险超过可接受水平，且暂不开发利用或者现阶段不具备治理与修复条件的污染地块，地块责任人应当制订风险管控方案，移除或者清理污染源，采取污染隔离、阻断等措施，防止污染扩散。需要采取风险管控措施的污染地块，所在地县级人民政府应当按照国务院有关规定组织划定管控区域、设立标识、发布公告，开展土壤、地表水、地下水、大气环境监测；发现污染扩散的，要求有关责任人及时采取补救措施。

《办法》指出，经风险评估确认地块污染风险超过可接受水平，且需要开发利用的污染地块，地块责任人应当开展治理与修复，并达到相应规划用地土壤环境质量要求。地块责任人应当根据城乡规划、土地利用规划、土地利用方式变更情况以及地块风险评估报告，编制污染地块治理与修复工程方案，并将治理与修复工程方案及专家咨询意见，在工程实施之日起三十日前报所在地设区的市级环境保护主管部门备案。

污染地块治理与修复期间，施工单位应当采取措施，防止对地块及周边环境造成二次污染；治理与修复过程中产生的废水、废气和固体废物，应当依照国家有关规定进行处理处置，并达到国家或者地方规定的环境保护标准。

治理与修复过程中清理或者产生的固体废物以及拆除的生产经营设备设施、构筑物等，属于危险废物的，应当按照国家有关危险废物的规定进行处理处置。

《办法》指出，地方各级环境保护主管部门应当加强对地块环境调查、风险评估、风险管控或者治理与修复活动的环境保护监督检查；发现有违反环境保护法律法规的行为，依法采取处罚等措施。

（8）《水污染防治重点行业清洁生产技术推行方案》（工信部联节〔2016〕275 号）

为贯彻落实《水污染防治行动计划》（国发〔2015〕17 号），推进工业重点行业企业实施清洁生产技术改造，降低污染物排放强度，促进环境质量持续改善，工业和信息化部于 2016 年印发了《水污染防治重点行业清洁生产技术推行方案》。该方案推荐提出了造纸行业 6 项、食品加工行业 7 项、制革行业 6 项、纺织行业 8 项、有色金属行业 6 项、氮肥行业 3 项、农药行业 5 项、焦化行业 4 项、电镀行业 5 项、化学原料药制造行业 1 项和染料颜料制造行业 5 项共计 56 项清洁生产技术。其中涉及制革行业技术有：制革准备与鞣制工段废液分段循环系统；基于白湿皮的铬复鞣“逆转工艺”技术；铬鞣废水处理与资源化利用技术；少硫保毛脱毛及少氨无氨脱灰软化集成技术；少铬高吸收鞣制技术；不浸酸高吸收铬鞣技术。

（9）《重点流域水污染防治规划（2016—2020 年）》（环水体〔2017〕142 号）

《重点流域水污染防治规划（2016—2020 年）》由环境保护部、国家发展改革委、水利部于2017年联合发布，明确了各流域污染防治重点方向和京津冀区域、长江经济带水环境保护重点。依据主体功能区规划和行政区划，划定陆域控制单元，实施流域、水生态控制区、水环境控制单元三级分区管理。全国共划分为341个水生态控制区、1 784个控制单元。在此基础上，筛选了580个优先控制单元，进一步细分为283个水质改善型和297个防止退化型单元，实施分级分类精细化管理。该规划提出了工业污染防治、城镇生活污染防治、农业农村污染防治、流域水生态保护、饮用水水源环境安全保障等5项重点任务。确定了饮用水水源地污染防治、工业污染防治、城镇污水处理及配套设施建设、农业农村污染防治、水环境综合治理五大类项目。其中涉及制革工业内容如下：

促进产业转型发展。严格环境准入。根据控制单元水质目标和主体功能区规划要求，细化功能分区，实施差别化环境准入政策。江苏太湖流域停止审批增加氮磷污染物排放的新建工业项目，沿江地区严格限制新建高污染化工项目，沿海地区严格控制新建医药、农药和染料中间体项目……福建闽江水口电站以上流域范围禁止新建、扩建制革项目，严控新建、扩建植物制浆、印染项目，九龙江北溪江东北引桥闸以上、西溪桥闸以上流域范围禁止新建、扩建造纸、制革、电镀、漂染行业工业项目。

全面取缔“十小”企业。全面排查装备水平低、环保设施差的小型工业企业。按照水污染防治法律法规要求，以广东省电镀、四川省造纸、河北省制革、山西省炼焦等为重点，全部取缔不符合国家产业政策的小型造纸、制革、印染、染料、炼焦、炼硫、炼砷、炼油、电镀、农药等严重污染水环境的生产项目。

提升工业清洁生产水平。依法实施强制性清洁生产审核。以区域性特征行业为重点，鼓励污染物排放达到国家或者地方排放标准的企业自愿开展清洁生产审核。2017年底前，造纸行业力争完成纸浆无元素氯漂白改造或采取其他低污染制浆技术，钢铁企业焦炉完成干熄焦技术改造，氮肥行业尿素生产完成工艺冷凝液水解解析技术改造，印染行业实施低排水染整工艺改造，制药（抗生素、维生素）行业实施绿色酶法生产技术改造，制革工业实施铬减量化技术改造。

加强企业污染防治指导。完善行业和地方污染物排放标准体系，有序衔接排污许可证发放工作。督促、指导企业按照有关法律法规及技术规范要求严格开展自行监测和信息公开，提高企业的污染防治和环境管理水平。

（10）《长江经济带生态环境保护规划》（环规财〔2017〕88号）

为切实保护和改善长江生态环境，环境保护部、国家发展改革委、水利部会同有关部门于2017年编制了《长江经济带生态环境保护规划》。该规划重点厘清了长江经济带发展与保护的关系，着重进行水资源、水生态、水环境的统筹保护和治理，通过五个方面指标体系对长江经济带提出治理保护要求，布局六个方面重点任务和工程，用改革创新的办法抓长江经济带生态保护，推动长江经济带建设成为水清、地绿、天蓝的绿色生态廊道。其中涉及制革工业内容如下：

加强土壤重金属污染源头控制……加强有色金属冶炼、制革、铅酸蓄电池、电镀等行业重金属污染治理，推动电镀、制革等园区化发展，江苏、浙江、江西、湖北、湖南、云南等省份逐步将涉重金属行业的重金属排放纳入排污许可证管理。实施重要粮食生产区域周边的工矿企业重金属排放总量控制，达不到环保要求的，实施升级改造，或依法关闭、搬迁。加强长江经济带69个重金属污染重点防控区域治理，2017年底前，重点区域制定并组织实施“十三五”重金属污染防治规划。继续推进湘江流域重金属污染治理。制定实施锰三角重金属污染综合整治方案。

严控建设用地开发利用环境风险。完成重点行业企业用地土壤污染状况排查，掌握污染地块分布及其环境风险情况。建立调查评估制度，自2017年起，对拟收回的有色金属冶炼、石油加工、化工、焦化、电镀、制革等行业企业用地，以及上述企业用地拟改变用途为居住、商业和学校等公共设施用地的，开展土壤环境状况调查评估。以上海、重庆、南京、常州、南通等为重点，依据建设用地土壤环境调查评估结果，率先建立污染地块名录及其开发利用的负面清单，合理确定土地用途。土地开发利用必须符合规划用地土壤环境质量要求，达不到质量要求的污染地块，要实施土壤污染治理与修复，暂不开发利用或现阶段不具备治理修复条件的污染地块，由地方政府组织划定管控区域，采取监管措施。针对典型污染地块，实施土壤污染治理与修复试点。开展污染地块绿色可持续修复示范，严格防止二次污染。

（11）《制革建设项目重大变动清单（试行）》（环办环评〔2018〕6号）

为进一步规范环境影响评价管理，环境保护部于2018年制定了制浆造纸、制革等14个行业建设项目重大变动清单。其中制革工业建设项目重大变动清单的主要内容如下：

适用于制革建设项目环境影响评价管理。

规模：制革生产能力增加30%及以上。

建设地点：项目重新选址；在原厂址附近调整（包括总平面布置变化）导致防护距离内新增敏感点。

生产工艺：生皮至蓝湿革、蓝湿革至成品革（坯革）、坯革至成品革生产工艺或原辅材料变化，导致新增污染物或污染物排放量增加。

环境保护措施：废水、废气处理工艺变化，导致新增污染物或污染物排放量增加（废气无组织排放改为有组织排放除外）。排气筒高度降低10%及以上。新增废水排放口；废水排放去向由间接排放改为直接排放；直接排放口位置变化导致不利环境影响加重。危险废物处置方式由外委改为自行处置或处置方式变化导致不利环境影响加重。

2.2.2 地方环境管理政策要求

各个地方关于制革工业的环境管理政策要求主要体现在严格控制皮革行业污染防治、切实加强皮革企业环境监管、落实皮革行业企业环境整治责任等几个方面，保证行业发展的同时达到保护环境的目的。由于本书篇幅所限，地方产业政策里的具体内容不再详述，读者可根据需求按照文件名称自行查阅。地方关于制革工业环境管理要求见表2-2。

表 2-2 地方关于制革工业环境管理要求

序号	省（区）	文件名称	文号/标准号
1	广东省	《广东省环境保护“十三五”规划》	粤环〔2016〕51 号
2		《广东省重金属污染综合防治“十三五”规划》	粤环发〔2017〕2 号
3		《广东省水污染防治行动计划实施方案》	粤府〔2015〕131 号
5		《韩江流域水质保护规划（2017—2025 年）》	粤环发〔2017〕4 号
6		《南粤水更清行动计划（修订本）（2017—2020 年）》	粤环〔2017〕28 号
7		《珠海市实施差别化环保准入指导意见》	珠环〔2017〕28 号
8	福建省	《福建省水污染防治行动计划工作方案》	闽政〔2015〕26 号
9	河北省	《河北省固体废物污染环境防治条例》	—
10		《关于河北省制革及毛皮加工行业执行水污染物特别排放限值的公告》	河北省环境保护厅公告 2018 年第 2 号
11		《河北省皮革行业固体废物污染专项治理实施方案》	冀环治领办〔2018〕1 号
12		《河北省水污染防治工作方案》	—
13	河南省	《河南省“十三五”节能减排综合工作方案》	豫政办〔2017〕81 号
14		《河南省制革及毛皮加工行业水污染综合整治指导方案》	豫环攻坚办〔2017〕107 号
15		《河南省碧水工程行动计划（水污染防治工作方案）》	豫政〔2015〕86 号
16		《河南省制革及毛皮加工行业危险废物管理手册》	豫环文〔2015〕255 号
17	广西壮族自治区	《广西制革工业水污染专项治理方案》	—
18		《广西西江经济带水环境保护规划（2016—2030）》	—
19		《广西壮族自治区重金属污染防治“十三五”规划》	桂环发〔2017〕3 号
20		《广西土壤污染防治攻坚三年作战方案（2018—2020 年）》	桂政办发〔2018〕82 号
21	山东省	《山东省生态环境保护“十三五”规划》	鲁政发〔2017〕10 号
22		《山东省环境保护厅办公室关于进一步加强集中式饮用水水源地规范化建设和管理的通知》	鲁环办函〔2016〕92 号
23		《山东省落实〈水污染防治行动计划〉实施方案》	鲁政发〔2015〕31 号
24		《山东省南水北调沿线水污染物综合排放标准》	DB 37/599－2006
25		《2017 年环境保护突出问题综合整治攻坚方案》	—
26		《山东省〈京津冀及周边地区 2017 年大气污染防治工作方案〉实施细则》	鲁政办字〔2017〕54 号
27		《山东省土壤环境保护和综合治理工作方案》	鲁环发〔2014〕126 号
28	四川省	《四川省环境保护厅　四川保监局关于继续推进环境污染责任保险试点工作的通知》	川环函〔2015〕1137 号
29		《〈水污染防治行动计划〉四川省工作方案》	川府发〔2015〕59 号
30		《〈土壤污染防治行动计划〉四川省工作方案》	川府发〔2016〕63 号

序号	省（区）	文件名称	文号/标准号
31	浙江省	《浙江省工业污染防治“十三五”规划》	浙环发〔2016〕46号
32		《浙江省水污染防治“十三五”规划》	浙发改规划〔2016〕659号
33		《〈长江经济带生态环境保护规划〉浙江省实施方案》	—
34		《工业污水按有害污染物浓度多因子复合计收污水处理费的实施意见（修订）》	海委办发〔2015〕56号
35	江西省	《江西省环境保护厅等四部门关于落实〈水污染防治行动计划〉实施区域差别化环境准入相关工作的通知》	赣环评字〔2018〕28号
36	江苏省	《南京市政府关于印发建立严格的环境准入制度实施方案的通知》	宁政发〔2015〕37号
37	山西省	《山西省重点行业清洁化改造与专项治理实施方案》	—

2.3 制革工业清洁生产相关政策法律法规

（1）《中华人民共和国清洁生产促进法》

《中华人民共和国清洁生产促进法》由中华人民共和国第九届全国人民代表大会常务委员会第二十八次会议于2002年6月29日通过，自2003年1月1日起施行。2012年2月29日，由第十一届全国人民代表大会常务委员会第二十五次会议修改通过，自2012年7月1日起实施。修改后的《清洁生产促进法》明确了应当实施强制性清洁生产审核的三种情形：

①污染物排放超过国家或者地方规定的排放标准，或者虽未超过国家或者地方规定的排放标准，但超过重点污染物排放总量控制指标的；

②超过单位产品能源消耗限额标准构成高耗能的；

③使用有毒、有害原料进行生产或者在生产中排放有毒、有害物质的。

制革工业由于涉及多种有毒、有害原料的使用，尤其是含重金属铬鞣剂的使用，因此属于应当实施强制性清洁生产审核的范畴。

此外，《清洁生产促进法》也对企业在进行技术改造过程中应当采取的清洁生产措施进行了原则性的规定，均适用于制革工业：

①采用无毒、无害或者低毒、低害的原料，替代毒性大、危害严重的原料；

②采用资源利用率高、污染物产生量少的工艺和设备，替代资源利用率低、污染物产生量多的工艺和设备；

③对生产过程中产生的废物、废水和余热等进行综合利用或者循环使用；

④采用能够达到国家或者地方规定的污染物排放标准和污染物排放总量控制指标的污染防治技术。

（2）《清洁生产审核办法》

随着《清洁生产促进法》的实施，国家发展和改革委员会联合环境保护部于 2016 年发布了《清洁生产审核办法》（国家发展和改革委员会、环境保护部令第 38 号），替代原《清洁生产审核暂行办法》。《清洁生产审核办法》对应当实施强制性清洁生产审核的三种情形进行了细化说明，进一步理顺了清洁生产审核管理机制。

第八条　有下列情形之一的企业，应当实施强制性清洁生产审核：（1）污染物排放超过国家或者地方规定的排放标准，或者虽未超过国家或者地方规定的排放标准，但超过重点污染物排放总量控制指标的；（2）超过单位产品能源消耗限额标准构成高耗能的；（3）使用有毒有害原料进行生产或者在生产中排放有毒有害物质的。其中有毒有害原料或物质包括以下几类：第一类，危险废物。包括列入《国家危险废物名录》的危险废物，以及根据国家规定的危险废物鉴别标准和鉴别方法认定的具有危险特性的废物。第二类，剧毒化学品、列入《重点环境管理危险化学品目录》的化学品，以及含有上述化学品的物质。第三类，含有铅、汞、镉、铬等重金属和类金属砷的物质。第四类，《关于持久性有机污染物的斯德哥尔摩公约》附件所列物质。第五类，其他具有毒性、可能污染环境的物质。

根据《清洁生产审核办法》上述规定，制革工业由于涉及有毒、有害原料使用，尤其是含重金属铬鞣剂的使用，并且产生含铬污泥、含铬皮革废碎料等危险废物，因此属于应当实施强制性清洁生产审核的范畴。

（3）《制革行业清洁生产评价指标体系》

2017 年，国家发展改革委发布《制革行业清洁生产评价指标体系》，此次整合修编在原《清洁生产标准　制革工业（羊革）》（HJ 560—2010）、《清洁生产标准　制革行业（猪轻革）》（HJ/T 127—2003）、《清洁生产标准　制革工业（牛轻革）》（HJ 448—2008）的基础上，结合我国近年来制革最新的行业发展、资源能源消耗、污染物产生以及企业环境管理等状况，加以补充调整。该指标体系强调了高污染有害添加剂的减量化、废液回收重复利用的工艺，在生产过程中削减污染产生。从环境法律法规标准执行情况，产业政策执行情况，一般固体废物处理处置，危险废物处理处置，清洁生产审核情况，环境审核及管理体系制度，废水处理设施运行管理，污染物排放管理能源计量器具配备情况，生产设备的使用、维护、检修管理制度，生产工艺用水、电、气管理，环境管理制度和机构，相关方环境管理，污水排放口管理，危险化学品管理，厂区综合环境，环境应急，环境信息公开等 17 个方面提出了制革企业管理指标要求。具体指标修改情况见表 2-3。

表 2-3 《制革行业清洁生产评价指标体系》指标修改情况

<table>
<tr><th>序号</th><th>类别</th><th colspan="2">原指标（一级/二级/三级）</th><th colspan="3">新指标（一级/二级/三级）</th></tr>
<tr><td rowspan="3">1</td><td rowspan="6">牛革企业</td><td rowspan="3">取水量/（m^3/m^2 成品革）</td><td rowspan="3">0.32/0.36/0.40</td><td rowspan="3">取水量</td><td>生皮-成品革工艺/（m^3/m^2 成品革）</td><td>0.2/0.25/0.35</td></tr>
<tr><td>生皮-蓝湿革工艺/（m^3/m^2 蓝湿革）</td><td>0.16/0.2/0.3</td></tr>
<tr><td>蓝湿革-成品革工艺/（m^3/m^2 成品革）</td><td>0.06/0.08/0.11</td></tr>
<tr><td rowspan="3">2</td><td rowspan="3">综合能耗/（$kgce/m^2$ 成品革）</td><td rowspan="3">2.0/2.2/2.4</td><td rowspan="3">综合能耗</td><td>生皮-成品革工艺/（$kgce/m^2$ 成品革）</td><td>1.8/2.0/2.4</td></tr>
<tr><td>生皮-蓝湿革工艺/（$kgce/m^2$ 蓝湿革）</td><td>0.4/0.45/0.5</td></tr>
<tr><td>蓝湿革-成品革工艺/（$kgce/m^2$ 成品革）</td><td>1.5/1.7/2</td></tr>
</table>

序号	类别	原指标（一级/二级/三级）		新指标（一级/二级/三级）		
3	牛革企业	无铬废物利用率/%	100/90/80	—		—
4		水重复利用率/%	65/50/35	水重复利用率	生皮-成品革工艺/%	60/55/45
					生皮-蓝湿革工艺/%	70/60/50
					蓝湿革-成品革工艺/%	30/25/20
5		得革率/（m^2成品革/m^2原料皮） 粒面革	0.92/0.90/0.85	—		—
		得革率/（m^2成品革/m^2原料皮） 二层	0.63/0.60/0.56			
6		废水产生量/（m^3/m^2成品革）	0.28/0.32/0.36	废水产生量	生皮-成品革工艺/（m^3/m^2成品革）	0.17/0.22/0.3
					生皮-蓝湿革工艺/（m^3/m^2蓝湿革）	0.14/0.17/0.25
					蓝湿革-成品革工艺/（m^3/m^2成品革）	0.05/0.07/0.1
7		COD_{Cr}产生量/（g/m^2成品革）	630/740/850	COD_{Cr}产生量	生皮-成品革工艺/（g/m^2成品革）	850/1 000/1 200
					生皮-蓝湿革工艺/（g/m^2蓝湿革）	700/750/1 000
					蓝湿革-成品革工艺/（g/m^2成品革）	250/320/400
8		氨氮产生量/（g/m^2成品革）	45/58/72	氨氮产生量	生皮-成品革工艺/（g/m^2成品革）	20/33/60
					生皮-蓝湿革工艺/（g/m^2蓝湿革）	18/30/58
					蓝湿革-成品革工艺/（g/m^2成品革）	3/5/8
9		总铬产生量/（g/m^2成品革）	3.5/4.8/7.2	总铬产生量	生皮-成品革工艺/（g/m^2成品革）	8.0/10.0/14.5
					生皮-蓝湿革工艺/（g/m^2蓝湿革）	5.5/6.5/10.0
					蓝湿革-成品革工艺/（g/m^2成品革）	2.5/3.5/5.0
10		皮类固体废物产生量/（kg/m^2成品革）	0.5/0.6/0.7	—		—

序号	类别	原指标（一级/二级/三级）		新指标（一级/二级/三级）		
11	羊革企业	取水量/（m^3/m^2 成品革）	0.15/0.27/0.3	取水量	生皮-成品革工艺/（m^3/m^2 成品革）	0.12/0.17/0.27
					生皮-蓝湿革工艺/（m^3/m^2 蓝湿革）	0.1/0.14/0.22
					蓝湿革-成品革工艺/（m^3/m^2 成品革）	0.04/0.06/0.09
12		综合能耗/（kgce/m^2 成品革）	1.8/2.4/3.0	综合能耗	生皮-成品革工艺/（kgce/m^2 成品革）	1.1/1.4/1.8
					生皮-蓝湿革工艺/（kgce/m^2 蓝湿革）	0.2/0.3/0.4
					蓝湿革-成品革工艺/（kgce/m^2 成品革）	1.0/1.3/1.5
13		得革率/（m^2 成品革/m^2 原料皮）	0.99/0.95/0.85	—		—
14		无铬废物利用率/%	99/99/98	—		—
15		水重复利用率/%	80/50/30	水重复利用率	生皮-成品革工艺/%	60/55/45
					生皮-蓝湿革工艺/%	70/60/50
					蓝湿革-成品革工艺/%	30/25/20
16		废水产生量/（m^3/m^2 成品革）	0.12/0.20/0.27	废水产生量	生皮-成品革工艺/（m^3/m^2 成品革）	0.1/0.14/0.22
					生皮-蓝湿革工艺/（m^3/m^2 蓝湿革）	0.08/0.12/0.18
					蓝湿革-成品革工艺/（m^3/m^2 成品革）	0.03/0.05/0.07
17		COD_{Cr} 产生量/（g/m^2 成品革）	150/300/400	COD_{Cr} 产生量	生皮-成品革工艺/（g/m^2 成品革）	500/630/880
					生皮-蓝湿革工艺/（g/m^2 蓝湿革）	400/540/720
					蓝湿革-成品革工艺/（g/m^2 成品革）	150/220/280
18		氨氮产生量/（g/m^2 成品革）	30/40/60	氨氮产生量	生皮-成品革工艺/（g/m^2 成品革）	12/21/44
					生皮-蓝湿革工艺/（g/m^2 蓝湿革）	11/20/41
					蓝湿革-成品革工艺/（g/m^2 成品革）	2/4/6

序号	类别	原指标（一级/二级/三级）		新指标（一级/二级/三级）		
19	羊革企业	总铬产生量/（g/m^2成品革）	0.3/0.5/0.6	总铬产生量	生皮-成品革工艺/（g/m^2成品革）	4.5/7.3/10.5
					生皮-蓝湿革工艺/（g/m^2蓝湿革）	3.2/4.8/7.3
					蓝湿革-成品革工艺/（g/m^2成品革）	1.4/2.5/3.4
20		皮类固体废物产生量/（kg/m^2成品革）	0.4/0.6/0.8	—		—
21	猪革企业	耗水量（原皮）/（t/t）	47/52/62	取水量	生皮-成品革工艺/（m^3/m^2成品革）	0.15/0.2/0.3
					生皮-蓝湿革工艺/（m^3/m^2蓝湿革）	0.12/0.16/0.24
					蓝湿革-成品革工艺/（m^3/m^2成品革）	0.05/0.06/0.09
22		综合能耗/（kgce/t原皮）	440/480/540	综合能耗	生皮-成品革工艺/（kgce/m^2成品革）	1/1.3/1.6
					生皮-蓝湿革工艺/（kgce/m^2蓝湿革）	0.2/0.3/0.4
					蓝湿革-成品革工艺/（kgce/m^2成品革）	0.9/1/1.3
23		得革率/（m^2成品革/m^2原料革） 粒面革	0.95/0.90/0.90	—		—
		二层革	0.60/0.55/0.50			
		其他革	0.45/0.35/0.20			
24		无铬废物利用率	—	—		—
25		水重复利用率/%	65/60/60	水重复利用率	生皮-成品革工艺/%	60/55/45
					生皮-蓝湿革工艺/%	70/60/50
					蓝湿革-成品革工艺/%	30/25/20
26		废水产生量/（m^3/t原皮）	45/50/60	废水产生量	生皮-成品革工艺/（m^3/m^2成品革）	0.13/0.17/0.26
					生皮-蓝湿革工艺/（m^3/m^2蓝湿革）	0.1/0.14/0.21
					蓝湿革-成品革工艺/（m^3/m^2成品革）	0.04/0.05/0.08

序号	类别	原指标（一级/二级/三级）		新指标（一级/二级/三级）		
27	猪革企业	COD_{Cr}产生量/（kg/t 原皮）	60/100/140	COD_{Cr}产生量	生皮-成品革工艺/（g/m^{2}成品革）	650/760/1 050
					生皮-蓝湿革工艺/（g/m^{2}蓝湿革）	500/630/840
					蓝湿革-成品革工艺/（g/m^{2}成品革）	200/220/320
28		氨氮产生量	—	氨氮产生量	生皮-成品革工艺/（g/m^{2}成品革）	16/26/52
					生皮-蓝湿革工艺/（g/m^{2}蓝湿革）	13/25/48
					蓝湿革-成品革工艺/（g/m^{2}成品革）	3/4/7
29		总铬产生量	—	总铬产生量	生皮-成品革工艺/（g/m^{2}成品革）	6.0/8.0/12.0
					生皮-蓝湿革工艺/（g/m^{2}蓝湿革）	4.1/5.6/8.5
					蓝湿革-成品革工艺/（g/m^{2}成品革）	2.0/2.5/4.0
30		皮类固体废物产生量	—	—		—

（4）《清洁生产审核评估与验收指南》

2018 年，生态环境部联合国家发改委配套《清洁生产审核办法》出台了《清洁生产审核评估与验收指南》（环办科技〔2018〕5 号），为地方管理部门和企业开展清洁生产审核评估与验收提供了技术指导。制革企业在开展强制性清洁生产审核过程中，应遵从相关要求，以保障清洁生产审核工作开展的质量和成效。

第八条　清洁生产审核评估应包括但不限于以下内容:

（一）清洁生产审核过程是否真实，方法是否合理；清洁生产审核报告是否能如实客观反映企业开展清洁生产审核的基本情况等。

（二）对企业污染物产生水平、排放浓度和总量，能耗、物耗水平，有毒有害物质的使用和排放情况是否进行客观、科学的评价；清洁生产审核重点的选择是否反映了能源、资源消耗、废物产生和污染物排放方面存在的主要问题；清洁生产目标设置是否合理、科学、规范；企业清洁生产管理水平是否得到改善。

（三）提出的清洁生产中/高费方案是否科学、有效，可行性是否论证全面，选定的清洁生产方案是否能支撑清洁生产目标的实现。对“双超”和“高耗能”企业通过实施清洁生产方案的效果进行论证，说明能否使企业在规定的期限内实现污染物减排目标和节能目标；对“双有”企业实施清洁生产方案的效果进行论证，说明其能否替代或削减其有毒有害原辅材料的使用和有毒有害污染物的排放。

第十六条 清洁生产审核验收内容包括但不限于以下内容：

（一）核实清洁生产绩效：企业实施清洁生产方案后，对是否实现清洁生产审核时设定的预期污染物减排目标和节能目标，是否落实有毒有害物质减量、减排指标进行评估；查证清洁生产中/高费方案的实际运行效果及对企业实施清洁生产方案前后的环境、经济效益进行评估；

（二）确定清洁生产水平：已经发布清洁生产评价指标体系的行业，利用评价指标体系评定企业在行业内的清洁生产水平；未发布清洁生产评价指标体系的行业，可以参照行业统计数据评定企业在行业内的清洁生产水平定位，或根据企业近三年历史数据进行纵向对比说明企业清洁生产水平改进情况。

2.4 制革工业排放标准

（1）《制革及毛皮加工工业水污染物排放标准》（GB 30486—2013）

《制革及毛皮加工工业水污染物排放标准》规定了制革及毛皮加工工业的现有企业水污染物排放浓度限值及单位产品基准排水量，见表 2-4（现有企业自 2014 年 7 月 1 日起至 2015 年 12 月 31 日止执行）；新建企业水污染物排放浓度限值及单位产品基准排水量，见表 2-5（现有企业自 2016 年 1 月 1 日起执行；新建企业自 2014 年 3 月 1 日起执行）；水污染物特别排放限值及单位产品基准排水量，见表 2-6（执行该标准的地域范围、时间由国务院环境保护行政主管部门或省级人民政府规定）。

表 2-4 现有企业水污染物排放浓度限值及单位产品基准排水量

单位：mg/L（pH、色度除外）

序号	污染物项目	直接排放限值		间接排放限值	污染物排放监控位置
		制革企业	毛皮加工企业		
1	pH	6～9	6～9	6～9	企业废水总排水口
2	色度	50	50	100	
3	悬浮物	80	80	120	
4	五日生化需氧量	40	40	80	
5	化学需氧量	150	150	300	
6	动植物油	15	15	30	
7	硫化物	1	0.5	1.0	
8	氨氮	35	25	70	
9	总氮	70	50	140	
10	总磷	2	2	4	
11	氯离子	3 000	4 000	4 000	
12	总铬	1.5			车间或生产设施废水排水口
13	六价铬	0.2			
单位产品基准排水量/（m^3/t 原料皮）		65	80	与各自的直接排放限值相同	排水计量位置与污染物排放监控位置相同

表 2-5 新建企业水污染物排放浓度限值及单位产品基准排水量

单位：mg/L（pH、色度除外）

序号	污染物项目	直接排放限值		间接排放限值	污染物排放监控位置
		制革企业	毛皮加工企业		
1	pH	6～9	6～9	6～9	企业废水总排水口
2	色度	30	30	100	
3	悬浮物	50	50	120	
4	五日生化需氧量	30	30	80	
5	化学需氧量	100	100	300	
6	动植物油	10	10	30	

序号	污染物项目	直接排放限值		间接排放限值	污染物排放监控位置
		制革企业	毛皮加工企业		
7	硫化物	0.5	0.5	1.0	企业废水总排水口
8	氨氮	25	15	70	
9	总氮	50	30	140	
10	总磷	1	1	4	
11	氯离子	3 000	4 000	4 000	
12	总铬	1.5			车间或生产设施废水排水口
13	六价铬	0.1			
单位产品基准排水量/（m^3/t 原料皮）		55	70	与各自的直接排放限值相同	排水计量位置与污染物排放监控位置相同

表 2-6 水污染物特别排放限值及单位产品基准排水量

单位：mg/L（pH、色度除外）

序号	污染物项目	排放限值		污染物排放监控位置
		直接排放	间接排放	
1	pH	6～9	6～9	企业废水总排水口
2	色度	20	30	
3	悬浮物	10	50	
4	五日生化需氧量	20	30	
5	化学需氧量	60	100	
6	动植物油	5	10	
7	硫化物	0.2	0.5	
8	氨氮	15	25	
9	总氮	20	40	
10	总磷	0.5	1	
11	氯离子	1 000	1 000	
12	总铬	0.5		车间或生产设施废水排水口
13	六价铬	0.05		
单位产品基准排水量/（m^3/t 原料皮）		40		排水量计量位置与污染物排放监控位置相同

（2）《大气污染物综合排放标准》（GB 16297—1996）

我国于 1997 年实施的《大气污染物综合排放标准》（GB 16297—1996），规定了 33 项大气污染物的排放限值。部分排放限值如表 2-7 所示。

表 2-7 新污染源大气污染物排放限值

<table>
<tr><th rowspan="2">序号</th><th rowspan="2">污染物</th><th rowspan="2">最高允许排放浓度/（mg/m³）</th><th colspan="3">最高允许排放速率/（kg/h）</th><th colspan="2">无组织排放监控浓度限值</th></tr>
<tr><th>排气筒/m</th><th>二级</th><th>三级</th><th>监控点</th><th>浓度/（mg/m³）</th></tr>
<tr><td rowspan="10">1</td><td rowspan="10">二氧化硫</td><td rowspan="3">960
（硫、二氧化硫、硫酸和其他含硫化合物生产）</td><td>15</td><td>2.6</td><td>3.5</td><td rowspan="10">周界外浓度最高点</td><td rowspan="10">0.40</td></tr>
<tr><td>20</td><td>4.3</td><td>6.6</td></tr>
<tr><td>30</td><td>15</td><td>22</td></tr>
<tr><td rowspan="7">550
（硫、二氧化硫、硫酸和其他含硫化合物使用）</td><td>40</td><td>25</td><td>38</td></tr>
<tr><td>50</td><td>39</td><td>58</td></tr>
<tr><td>60</td><td>55</td><td>83</td></tr>
<tr><td>70</td><td>77</td><td>120</td></tr>
<tr><td>80</td><td>110</td><td>160</td></tr>
<tr><td>90</td><td>130</td><td>200</td></tr>
<tr><td>100</td><td>170</td><td>270</td></tr>
<tr><td rowspan="10">2</td><td rowspan="10">氮氧化物</td><td rowspan="2">1 400
（硝酸、氮肥和火炸药生产）</td><td>15</td><td>0.77</td><td>1.2</td><td rowspan="10">周界外浓度最高点</td><td rowspan="10">0.12</td></tr>
<tr><td>20</td><td>1.3</td><td>2.0</td></tr>
<tr><td rowspan="8">240
（硝酸使用和其他）</td><td>30</td><td>4.4</td><td>6.6</td></tr>
<tr><td>40</td><td>7.5</td><td>11</td></tr>
<tr><td>50</td><td>12</td><td>18</td></tr>
<tr><td>60</td><td>16</td><td>25</td></tr>
<tr><td>70</td><td>23</td><td>35</td></tr>
<tr><td>80</td><td>31</td><td>47</td></tr>
<tr><td>90</td><td>40</td><td>61</td></tr>
<tr><td>100</td><td>52</td><td>78</td></tr>
</table>

序号	污染物	最高允许排放浓度/（mg/m^3）	最高允许排放速率/（kg/h）			无组织排放监控浓度限值	
			排气筒/m	二级	三级	监控点	浓度/（mg/m^3）
3	颗粒物	18（碳黑尘、染料尘）	15	0.15	0.74	周界外浓度最高点	肉眼不可见
			20	0.85	1.3		
			30	3.4	5.0		
			40	5.8	8.5		
		60（玻璃棉尘、石英粉尘、矿渣棉尘）	15	1.9	2.6	周界外浓度最高点	1.0
			20	3.1	4.5		
			30	12	18		
			40	21	31		
		120（其他）	15	3.5	5.0	周界外浓度最高点	1.0
			20	5.9	8.5		
			30	23	34		
			40	39	59		
			50	60	94		
			60	85	130		
15	苯	12	15	0.50	0.80	周界外浓度最高点	0.40
			20	0.90	1.3		
			30	2.9	4.4		
			40	5.6	7.6		
16	甲苯	40	15	3.1	4.7	周界外浓度最高点	2.4
			20	5.2	7.9		
			30	18	27		
			40	30	46		
17	二甲苯	70	15	1.0	1.5	周界外浓度最高点	1.2
			20	1.7	2.6		
			30	5.9	8.8		
			40	10	15		
19	甲醛	25	15	0.26	0.39	周界外浓度最高点	0.20
			20	0.43	0.65		
			30	1.4	2.2		
			40	2.6	3.8		
			50	3.8	5.9		
			60	5.4	8.3		

（3）《挥发性有机物无组织排放控制标准》（GB 37822—2019）

《挥发性有机物无组织排放控制标准》（GB 37822—2019）自 2019 年 7 月 1 日起实施。该标准规定了 VOCs 物料储存、转移和输送、工艺过程和敞开液面 VOCs 的无组织排放控制要求，设备与管线组件 VOCs 泄漏控制要求，以及 VOCs 无组织排放废气收集处理系统要求、企业厂区内及周边污染监控要求。该标准是《大气污染物综合排放标准》（GB 16297—1996）的有效补充。该标准的主要内容如表 2-8 和表 2-9 所示。

表 2-8 《挥发性有机物无组织排放控制标准》主要技术内容摘录

项目	技术内容
4 执行范围与时间	4.1 新建企业自 2019 年 7 月 1 日起，现有企业自 2020 年 7 月 1 日起，VOCs 无组织排放控制按照本标准的规定执行 4.2 重点地区的企业执行无组织排放特别控制要求，执行的地域范围和时间由国务院生态环境主管部门或省级人民政府规定
5 VOCs 物料储存无组织排放控制要求	5.1.1 VOCs 物料应储存于密闭的容器、包装袋、储罐、储库、料仓中 5.1.2 盛装 VOCs 物料的容器或包装袋应存放于室内，或存放于设置有雨棚、遮阳和防渗设施的专用场地。盛装 VOCs 物料的容器或包装袋在非取用状态时应加盖、封口，保持密闭 5.1.3 VOCs 物料储罐应密封良好，其中挥发性有机液体储罐应符合 5.2 条规定 5.1.4 VOCs 物料储库、料仓应满足 3.6 条对密闭空间的要求
6 VOCs 物料转移和输送无组织排放控制要求	6.1.1 液态 VOCs 物料应采用密闭管道输送。采用非管道输送方式转移液态 VOCs 物料时，应采用密闭容器、罐车 6.1.2 粉状、粒状 VOCs 物料应采用气力输送设备、管状带式输送机、螺旋输送机等密闭输送方式，或者采用密闭的包装袋、容器或罐车进行物料转移
7 工艺过程 VOCs 无组织排放控制要求	7.2 含 VOCs 产品的使用过程 7.2.1 VOCs 质量占比大于等于 10%的含 VOCs 产品，其使用过程应采用密闭设备或在密闭空间内操作，废气应排至 VOCs 废气收集处理系统；无法密闭的，应采取局部气体收集措施，废气应排至 VOCs 废气收集处理系统。含 VOCs 产品的使用过程包括但不限于以下作业： a）调配（混合、搅拌等）； b）涂装（喷涂、浸涂、淋涂、辊涂、刷涂、涂布等）； c）印刷（平版、凸版、凹版、孔版等）； d）粘结（涂胶、热压、复合、贴合等）； e）印染（染色、印花、定型等）；

项目	技术内容
7 工艺过程VOCs无组织排放控制要求	f）干燥（烘干、风干、晾干等）； g）清洗（浸洗、喷洗、淋洗、冲洗、擦洗等） 7.3 其他要求 7.3.1 企业应建立台账，记录含VOCs原辅材料和含VOCs产品的名称、使用量、回收量、废弃量、去向以及VOCs含量等信息。台账保存期限不少于3年 7.3.2 通风生产设备、操作工位、车间厂房等应在符合安全生产、职业卫生相关规定的前提下，根据行业作业规程与标准、工业建筑及洁净厂房通风设计规范等的要求，采用合理的通风量 7.3.3 载有VOCs物料的设备及其管道在开停工（车）、检维修和清洗时，应在退料阶段将残存物料退净，并用密闭容器盛装，退料过程废气应排至VOCs废气收集处理系统；清洗及吹扫过程排气应排至VOCs废气收集处理系统 7.3.4 工艺过程产生的含VOCs废料（渣、液）应按照第5章、第6章的要求进行储存、转移和输送。盛装过VOCs物料的废包装容器应加盖密闭
10 VOCs无组织排放废气收集处理系统要求	10.1.2 VOCs废气收集处理系统应与生产工艺设备同步运行 10.2.1 企业应考虑生产工艺、操作方式、废气性质、处理方法等因素，对VOCs废气进行分类收集 10.2.2 废气收集系统排风罩（集气罩）的设置应符合GB/T 16758要求。采用外部排风罩的，应按GB/T 16758、AQ/T 4274—2016规定的方法测量控制风速，测量点应选取在距排风罩开口面最远处的VOCs无组织排放位置，控制风速不应低于0.3 m/s（行业相关规范有具体规定的，按相关规定执行） 10.2.3 废气收集系统的输送管道应密闭 10.3.2 收集的废气中NMHC初始排放速率≥3kg/h时，应配置VOCs处理设施，处理效率不应低于80%；对于重点地区，收集的废气中NMHC初始排放速率≥2kg/h时，应配置VOCs处理设施，处理效率不应低于80%；采用的原辅材料符合国家有关低VOCs含量产品规定的除外
11 企业厂区内及周边污染监控要求	11.1 企业边界及周边VOCs监控要求执行GB 16297或相关行业标准的规定 11.2 地方生态环境主管部门可根据当地环境保护需要，对厂区内VOCs无组织排放状况进行监控，具体实施方式由各地自行确定。厂区内VOCs无组织排放监控要求参见附录A
12 污染物监测要求	12.1 企业应按照有关法律、《环境监测管理办法》和HJ 819等规定，建立企业监测制度，制订监测方案，对污染物排放状况及其对周边环境质量的影响开展自行监测，保存原始监测记录，并公布监测结果 12.2 新建企业和现有企业安装污染物排放自动监控设备的要求，按有关法律和《污染源自动监控管理办法》等规定执行 12.5 企业边界及周边VOCs监测按HJ/T 55的规定执行

表 2-9 厂区内 VOCs 无组织排放限值 单位：mg/m³

污染物项目	排放限值	特别排放限值	限值含义	无组织排放监控位置
NMHC	10	6	监控点处 1 h 平均浓度值	在厂房外设置监控点
	30	20	监控点处任意一次浓度值	

2.5 制革工业技术规范要求

（1）《制革及毛皮加工废水治理工程技术规范》（HJ 2003—2010）

为规范制革及毛皮加工废水治理工程的建设与运行管理，防治环境污染，保护环境和人体健康，2010 年，环境保护部印发了《制革及毛皮加工废水治理工程技术规范》。该规范规定了制革及毛皮加工废水治理工程设计、施工、验收和运行管理的技术要求，分别对含铬废水预处理、含硫废水预处理、脱脂废水预处理、综合废水处理、废水回用、污泥处置与处理、臭气处理等作了技术要求。同时提出了制革及毛皮加工工序废水量，制革及毛皮加工废水污染物产生量及工序产污率，以及制革及毛皮加工废水治理工程典型工艺处理效率等。

（2）《排污许可证申请与核发技术规范 制革及毛皮加工工业——制革工业》（HJ 859.1—2017）

为完善排污许可技术支撑体系，指导和规范制革工业排污单位排污许可证申请与核发工作，环境保护部于 2017 年印发了《排污许可证申请与核发技术规范 制革及毛皮加工工业——制革工业》。该规范中规定了制革工业纳入排污许可管理的废水类别、排放口类型及污染物项目和纳入排污许可管理的废气产生环节、排放类型及污染物项目内容，如表 2-10 和表 2-11 所示。

表 2-10 纳入排污许可管理的废水类别、排放口类型及污染物项目

废水类别	废水排放口	排放口类型	污染物
含铬废水	车间或生产设施废水排放口	主要排放口	总铬、六价铬
全厂废水（含铬废水除铬后上清液、其他生产废水、生活污水*）	废水总排放口	主要排放口	pH、色度、悬浮物、化学需氧量、五日生化需氧量、氨氮、总磷、硫化物、动植物油、氯离子
雨水	雨水排放口	一般排放口	化学需氧量

*单独排入城镇集中污水处理设施的生活污水仅说明去向。

表 2-11 纳入排污许可管理的废气产生环节、排放类型及污染物项目

废气产生环节	排放口	排放口类型	污染物
废气有组织排放			
各种燃料锅炉	锅炉烟筒	主要排放口	颗粒物、二氧化硫、氮氧化物、汞及其化合物[a]、烟气黑度（林格曼黑度，级）
污水处理设施[b]	排气筒	一般排放口	臭气浓度、氨、硫化氢苯、甲苯、二甲苯、非甲烷总烃
喷浆设施			
废气无组织排放			
生皮库[c]	—	—	臭气浓度、氨
使用硫化物的脱毛车间[d]	—	—	臭气浓度、硫化氢
磨革车间[e]	—	—	颗粒物
涂饰车间[f]	—	—	苯、甲苯、二甲苯、非甲烷总经
煤场[g]	—	—	颗粒物

注：地方环境主管部门对污染物项目有特殊要求的，从其规定。

[a]适用于烧煤锅炉。[b]污水处理设施采用全生化除臭等先进污水处理技术的，其污染物纳入无组织排放管理。[c、d、e、f、g]如建有废气收集处理系统，经排气筒排放，其污染物纳入有组织管理。[f]指辊涂、补伤、刷涂等可能造成废气无组织排放的工序。

（3）《污染源源强核算技术指南　制革工业》（HJ 995—2018）

为完善固定污染源源强核算方法体系，指导和规范制革工业污染源源强核算工作，生态环境部于 2018 年制定了《污染源源强核算技术指南　制革工业》。该指南规定了制革工业废水、废气、噪声、固体废物污染源强核算的程序、内容、方法及要求。

制革工业污染源源强核算方法包括物料衡算法、类比法、实测法和产污系数法等，废水和固体废物的产物系数如表 2-12 至表 2-16 所示。

表 2-12　牛革废水污染物产污系数

工艺名称	规模等级	废水类型	污染物指标	单位	产污系数
生皮-成品革	所有规模	综合废水	悬浮物	kg/t 原料皮	110
			五日生化需氧量	kg/t 原料皮	47～110
			动植物油	kg/t 原料皮	80
			硫化物	kg/t 原料皮	1.5～3.8
生皮-蓝湿革		综合废水	悬浮物	kg/t 原料皮	90
			五日生化需氧量	kg/t 原料皮	40～90
			动植物油	kg/t 原料皮	72
			硫化物	kg/t 原料皮	1.3～3.2
蓝湿革-成品革		综合废水	悬浮物	kg/t 原料皮	33
			五日生化需氧量	kg/t 原料皮	14～32
			动植物油	kg/t 原料皮	25

注：1. 五日生化需氧量取值原则：浸灰、脱灰、鞣制、复鞣、染色等主要产生五日生化需氧量的工序，工艺残液达到 30%以上循环利用者取下限，10%～30%循环利用者取中值，10%以下循环利用者取高值。

2. 硫化物取值原则：浸灰、脱灰、脱毛、软化等主要产生硫化物工序，若使用无硫脱毛技术或者工艺残液达到 30%以上循环利用者取下限，10%～30%循环利用者取中值，10%以下循环利用者取高值。

表 2-13 羊革废水污染物产污系数

工艺名称	规模等级	废水类型	污染物指标	单位	产污系数
生皮-成品革	所有规模	综合废水	悬浮物	kg/t 原料皮	100
			五日生化需氧量	kg/t 原料皮	40～110
			动植物油	kg/t 原料皮	72
			硫化物	kg/t 原料皮	1.5～3.5
生皮-蓝湿革		综合废水	悬浮物	kg/t 原料皮	82
			五日生化需氧量	kg/t 原料皮	33～80
			动植物油	kg/t 原料皮	60
			硫化物	kg/t 原料皮	1.5～3.5
蓝湿革-成品革		综合废水	悬浮物	kg/t 原料皮	30
			五日生化需氧量	kg/t 原料皮	12～30
			动植物油	kg/t 原料皮	21

注：1. 五日生化需氧量取值原则：浸灰、脱灰、鞣制、复鞣、染色等主要产生五日生化需氧量的工序，工艺残液达到30%以上循环利用者取下限，10%～30%循环利用者取中值，10%以下循环利用者取高值。

2. 硫化物取值原则：浸灰、脱灰、脱毛、软化等主要产生硫化物工序，若使用无硫脱毛技术或者工艺残液达到30%以上循环利用者取下限，10%～30%循环利用者取中值，10%以下循环利用者取高值。

表 2-14 猪革废水污染物产污系数

工艺名称	规模等级	废水类型	污染物指标	单位	产污系数
生皮-成品革	所有规模	综合废水	悬浮物	kg/t 原料皮	120
			五日生化需氧量	kg/t 原料皮	50～120
			动植物油	kg/t 原料皮	88
			硫化物	kg/t 原料皮	1.7～4
生皮-蓝湿革		综合废水	悬浮物	kg/t 原料皮	100
			五日生化需氧量	kg/t 原料皮	43～95
			动植物油	kg/t 原料皮	70
			硫化物	kg/t 原料皮	1.7～4
蓝湿革-成品革		综合废水	悬浮物	kg/t 原料皮	35
			五日生化需氧量	kg/t 原料皮	16～35
			动植物油	kg/t 原料皮	25

注：1. 五日生化需氧量取值原则：浸灰、脱灰、鞣制、复鞣、染色等主要产生五日生化需氧量的工序，工艺残液达到30%以上循环利用者取下限，10%～30%循环利用者取中值，10%以下循环利用者取高值。

2. 硫化物取值原则：浸灰、脱灰、脱毛、软化等主要产生硫化物工序，若使用无硫脱毛技术或者工艺残液达到30%以上循环利用者取下限，10%～30%循环利用者取中值，10%以下循环利用者取高值。

表 2-15 制革企业含铬污泥产污系数

原料名称	工艺名称	规模等级	污染物指标	单位	产污系数
生皮	生皮-成品革	所有规模	含铬污泥	kg/t 原料皮	6.5～25
生皮	生皮-蓝湿革	所有规模	含铬污泥	kg/t 原料皮	6～20
蓝湿革	蓝湿革-成品革	所有规模	含铬污泥	kg/t 原料皮	1～6

注：1. 含铬污泥产生量为绝干量。

2. 铬鞣工艺铬液 50%以上循环者取下限，50%～25%取中值，25%以下者取上限。

表 2-16 制革企业综合废水处理设施综合污泥产污系数

<table>
<tr><th>原料名称</th><th>工艺名称</th><th>规模等级</th><th>污染物指标</th><th>处理工艺</th><th>单位</th><th>产污系数</th></tr>
<tr><td rowspan="3">生皮</td><td rowspan="3">生皮-成品革</td><td rowspan="9">所有规模</td><td rowspan="9">综合污泥</td><td>物化法（一级处理）</td><td rowspan="3">kg/t 原料皮</td><td>100～220</td></tr>
<tr><td>物化法+生化法（二级处理）</td><td>120～260</td></tr>
<tr><td>物化法+生化法+深度处理（三级处理）</td><td>135～285</td></tr>
<tr><td rowspan="3">生皮</td><td rowspan="3">生皮-蓝湿革</td><td>物化法（一级处理）</td><td rowspan="3">kg/t 原料皮</td><td>90～200</td></tr>
<tr><td>物化法+生化法（二级处理）</td><td>100～240</td></tr>
<tr><td>物化法+生化法+深度处理（三级处理）</td><td>115～265</td></tr>
<tr><td rowspan="3">蓝湿革</td><td rowspan="3">蓝湿革-成品革</td><td>物化法（一级处理）</td><td rowspan="3">kg/t 原料皮</td><td>30～50</td></tr>
<tr><td>物化法+生化法（二级处理）</td><td>40～75</td></tr>
<tr><td>物化法+生化法+深度处理（三级处理）</td><td>45～85</td></tr>
</table>

注：综合污泥产生量为绝干量。

（4）《排污单位自行监测技术指南　制革及毛皮加工工业》（HJ 946—2018）

2018 年，为指导和规范制革及毛皮加工排污单位自行监测工作，生态环境部印发了《排污单位自行监测技术指南　制革及毛皮加工工业》，该标准提出了制革及毛皮加工排污单位自行监测的一般要求以及监测方案制定、信息记录和报告的基本内容和要求，如表 2-17 至表 2-21 所示。

表 2-17 废水排放口监测指标及最低监测频次

排污单位级别	监测点位	监测指标	监测频次	
			直接排放	间接排放
重点排污单位	废水总排放口	流量、pH、化学需氧量、氨氮	自动监测	
		总氮	日（自动监测[a]）	
		五日生化需氧量、悬浮物、色度、硫化物、动植物油、氯离子、总磷	月	季度
	车间或生产设施废水排放口	总铬、流量	周	
		六价铬	月	
	雨水排放口	化学需氧量、悬浮物	日[b]	
非重点排污单位	废水总排放口	流量、pH、化学需氧量、氨氮、总氮、总磷、五日生化需氧量、悬浮物、色度、硫化物、动植物油、氯离子	季度	半年

注：设区的市级及以上生态环境主管部门明确要求安装自动监测设备的污染物指标，须采取自动监测。

[a]待总氮自动监测技术规范发布后，须采取自动监测。

[b]在雨水排放期间按日监测。

表 2-18 有组织废气排放监测指标及最低监测频次

污染源	监测点位	监测指标[a]	监测频次
污水处理设施[b]	排气筒	臭气浓度[c]、氨、硫化氢	年
喷浆设施[d]	排气筒	苯、甲苯、二甲苯、非甲烷总烃	半年

注：[a] 废气监测须按照相关标准分析方法、技术规范同步监测烟气参数。

[b] 采用全生化除臭等先进污水处理技术的，其污染物纳入无组织排放管理。

[c] 根据环境影响评价文件及其批复［仅限 2015 年 1 月 1 日（含）后取得环境影响评价批复的排污单位］以及原料工艺等确定是否监测其他臭气污染物。

[d] 仅使用水性涂饰材料的排污单位可不监测。如环境影响评价文件及其批复有特殊要求的，按要求监测污染物指标。

表 2-19　无组织废气监测指标及最低监测频次

排污单位类型	监测点位	监测指标	监测频次
建有原料皮库的排污单位[a]	厂界	臭气浓度[g]、氨	年
建有硫化物脱毛车间的排污单位[b]	厂界	臭气浓度[g]、硫化氢	年
建有磨革车间的排污单位[c]	厂界	颗粒物	年
纳入无组织管理的污水处理设施[d]	厂界	臭气浓度[g]、氨、硫化氢	年
建有涂饰车间的排污单位[e]	厂界	苯、甲苯、二甲苯、非甲烷总烃	年
建有煤场的排污单位[f]	厂界	颗粒物	年

注：[a] 仅贮存生皮的原料皮库监测表中指标，贮存蓝湿革、坯革等其他原料皮的排污单位可不监测。

[a, b, c, d, e, f] 如建有废气收集处理系统，经排气筒排放，其监测点位为排气筒出口，监测项目与监测频次保持不变。

[e] 指辊涂、补伤、刷涂等可能造成废气无组织排放的排污单位，仅使用水性涂饰材料的涂饰车间可不监测。

[f] 煤场完全封闭的排污单位可不监测表中指标。

[g] 根据环境影响评价文件及其批复［仅限 2015 年 1 月 1 日（含）后取得环境影响评价批复的排污单位］以及原料工艺等确定是否监测其他臭气污染物。

表 2-20　无组织废气监测指标及最低监测频次

排污单位	监测点位	监测指标	监测频次
制革及毛皮加工工业园区	工业园区边界	臭气浓度[a]、氨、硫化氢、颗粒物、苯[b]、甲苯[c]、二甲苯[d]、非甲烷总烃[e]	半年

注：监测结果超标的，应增加相应指标的监测频次。

[a] 根据环境影响评价文件及其批复［仅限 2015 年 1 月 1 日（含）后取得环境影响评价批复的排污单位］以及原料工艺等确定是否监测其他臭气污染物。

[b, c, d, e] 园区内所有排污单位仅使用水性涂饰材料可不监测。

表 2-21　周边环境质量影响最低监测频次

目标环境	监测指标	监测频次
地表水	pH、化学需氧量、五日生化需氧量、氨氮、总磷、总氮、动植物油、总铬、六价铬	季度
海水	pH、化学需氧量、五日生化需氧量、溶解氧、活性磷酸盐、无机氮、动植物油、总铬、六价铬	半年
土壤	pH、总铬、六价铬等	年

3 制革生产工艺流程及产排污分析

3.1 制革生产工艺流程

制革的原材料主要是牛皮、羊皮和猪皮等，通过多个物理和化学工序可将原料皮转化为适用于不同用途的皮革。工艺过程中使用的主要化学原料包括浸水助剂、脱毛剂、石灰、脱脂剂、蛋白酶、酸、氯化钠、鞣剂（主要为铬鞣剂）、碱、复鞣填充剂、加脂剂、染料、涂饰剂等。

目前，我国95%以上制革企业均采用轻革生产工艺。其工艺依据原料皮的种类、状态和最终产品要求的不同而有所变化，但一般而言，制革工艺可被划分为准备工段、鞣制工段和整饰工段（又分为湿整饰和干整饰）三个工段，每个工段都包括多个工序，如图3-1所示。

制革企业通常也根据所采用的生产工艺划分为四类，即从生皮加工至成品革（坯革）生产工艺、生皮加工至蓝湿革制革工艺、蓝湿革加工至成品革（坯革）制革工艺和从坯革加工至成品革生产工艺。其中，从生皮加工至成品革的生产工艺如图3-1所示，包括准备工段、鞣制工段和整饰工段，包含全部流程；从生皮加工至蓝湿革的生产工艺包括准备工段和鞣制工段；从蓝湿革加工至成品革的生产工艺包括整饰工段；从坯革至成品革的生产工艺为整饰工段的干整饰加工。

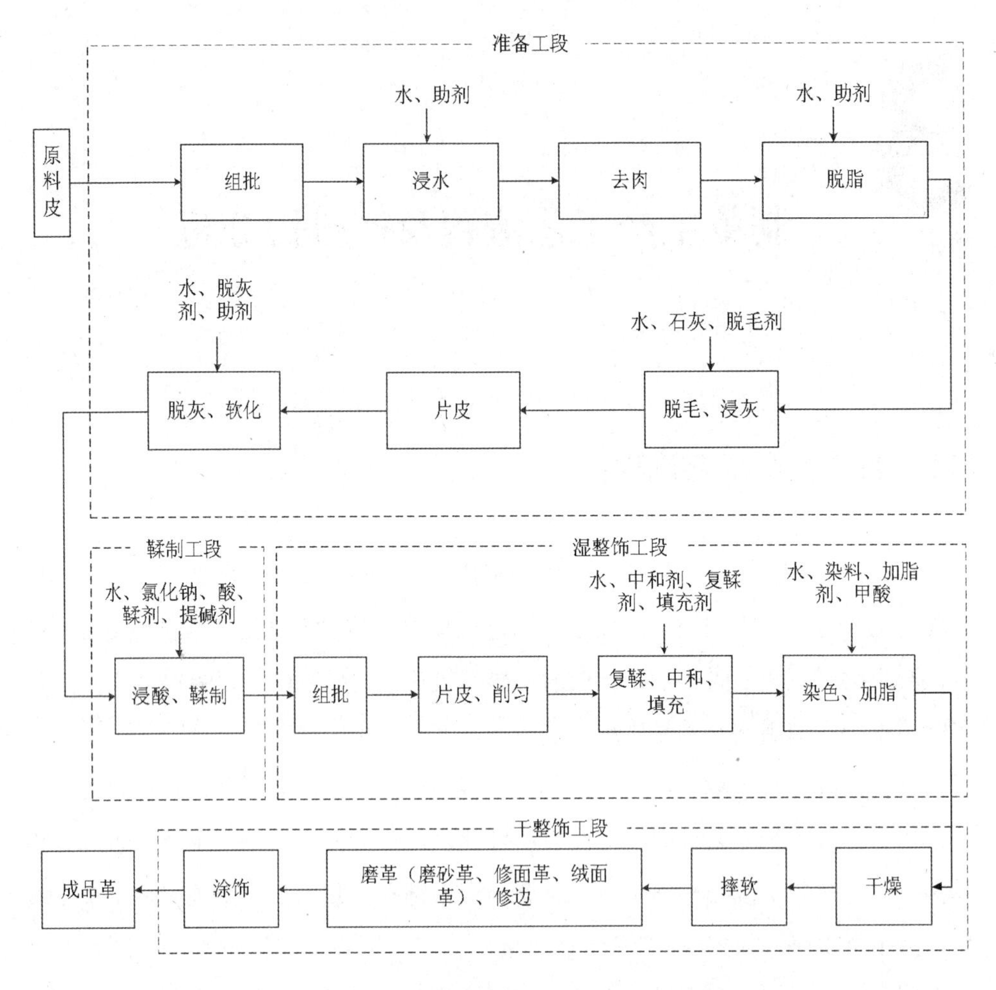

图 3-1　典型制革生产工艺流程

（1）准备工段

准备工段的目的在于除去生皮中对制革无用的成分，将其加工成适合于鞣制状态的裸皮，是整个制革工艺流程的基础，对成品革质量的影响极大。准备工段包括的工序很多，并因原料皮和成品革的种类不同而略有差别，一般包括组批、浸水、去肉、脱脂、脱毛、浸灰、片皮、脱灰、软化等工序和相应的水洗工序。具体工序的选择及排列顺序随原料皮的种类、防腐方法、工艺路线的选择及成品革的品质要求而定。例如，新鲜的皮一般只进行短期水洗，干皮则需长时间浸水；牛皮脂肪含量少，可以不必专门脱脂，猪皮则一定要机械去肉，除去厚厚的皮下脂肪层，并需进行多次专门的脱脂，使皮面的脂肪尽可能除净。但无论是哪一种原料皮和成品革，脱毛、浸灰及脱灰工序都是十分重要的关键工序，应当特别加强管理和控制。

脱脂：油脂会阻碍水及化学药品的渗透，影响后工序进行。常见的脱脂方法有表面活性剂乳化脱脂、表面活性剂与溶剂混合脱脂，是废水中动植物油的最主要工序来源。牛皮和山羊皮油脂含量较少，无须专门的脱脂工序，一般只在其他工序中添加适量表面活性剂采用乳化脱脂即可达到要求。而猪皮和绵羊皮油脂含量高，需要专门的脱脂工序，绝大部分企业采用表面活性剂乳化脱脂，部分企业开始尝试用脂肪酶与表面活性剂结合进行脱脂。少数加工高脂皮的企业采用表面活性剂与溶剂混合脱脂。

脱毛：传统的脱毛工艺为硫化物毁毛法，主要通过硫化物（如硫化钠）与石灰搭配使用将毛溶解。该技术成本低，脱毛效果好，但这种脱毛方法会产生大量毛蛋白质降解物和油脂，使脱毛废水中的硫化物、有机质等比脱毛前增加 60%～70%，对环境造成严重污染。通过 10 余年的研究开发，较为清洁的保毛脱毛工艺已十分成熟，并在很多企业获得应用。目前，至少 40%的牛皮加工企业已采用了低硫低灰保毛脱毛技术或酶辅保毛脱毛技术。由于羊毛回收价值高，绝大多数绵羊皮和山羊皮加工企业均采用了硫化物保毛脱毛技术，即将硫化物直接涂抹于皮张肉面，然后采用人工推毛回收羊毛。一部分猪皮服装革加工企业采用了生物酶制剂保毛脱毛技术，在动物毛发未溶解前对其进行回收，可使废水中悬浮物、COD_{Cr}、总氮降低 20%～50%。此外，常规硫化物毁毛脱毛废液中有大量硫化物残留，部分制革企业将脱毛废液回收，处理后回用于脱毛工序，可以降低废水中硫化物的排放。

浸灰：传统浸灰工艺为石灰浸灰法，石灰用量一般为皮重的 5%～8%，目前 60%以上的企业仍采用该技术。石灰的主要成分是 $Ca(OH)_2$，在水溶液中的溶解度很低，这虽然能避免生皮的破坏，但使用过程中利用效率不高，产生污泥量大。为了降低污泥量，40%左右的企业采用了少灰或无灰浸灰法，污泥量可以减少10%～50%。该技术推广应用面临的主要问题是灰皮的膨胀和纤维分散效果略逊于传统石灰浸灰法。

脱灰：脱灰的目的是使灰皮适合后续软化工序的操作。传统的脱灰方法是采用硫酸铵或氯化铵脱灰，用量一般为皮重的 2%～4%，这两种铵盐可与石灰反应并形成具有缓冲作用的体系，是理想的脱灰材料。但会使脱灰废液中含有大量的铵盐，同时氨氮会使综合废水的生化处理难度增加，处理成本明显增高。为降低氨氮的污染，大量制革企业开始使用少氨或无氨脱灰技术（使用乳酸镁或有机酸，如乳酸、甲酸、醋酸等，以及有机酯等代替部分铵盐），可明显降低废水中的氨氮含量，且操作难易程度及脱灰效果与传统技术差别不大。但无氨脱灰剂的缓冲性和渗透性还有待提高，同时成本远高于铵盐脱灰，且会造成废水中 COD_{Cr} 和 BOD_5 的增加。

（2）鞣制工段

鞣制工段是使用鞣剂处理裸皮，使之转变为革的加工过程，包括浸酸、鞣制和相应的水洗工序。鞣制后的皮干燥后不会变成硬而脆的材料，再回湿也不腐烂，可保持挠曲性和可用性。鞣制工段的工序一般在转鼓内进行，主要有铬鞣法和植物鞣法，以及醛鞣、油鞣、铝鞣、锆鞣、结合鞣、明矾鞣、甲醛鞣等其他鞣制方法。鞣制方法的选择，与所得成品革的软硬度、坚实性和延伸性有很大关系。

浸酸：在传统铬鞣工艺中，鞣制前需进行浸酸操作，主要目的是降低裸皮的pH，使之与铬鞣液 pH 相近，保证鞣制的顺利进行，并进一步分散胶原纤维，增加胶原的反应活性基团，提高鞣制分子与胶原的结合率。浸酸的 pH 一般在 3.2 以下，远低于裸皮的等电点，容易发生酸膨胀，因此生产中通常加入裸皮质量 6%～10%的食盐来抑制浸酸及铬鞣过程中可能引起的酸膨胀。食盐价格便宜、抑制膨胀效果好，在制革生产中得到广泛应用，但食盐的加入易造成裸皮脱水，事成个扁薄，丰满性差，同时也带来大量的中性盐污染。据资料报道，若浸酸工艺中不使用中性盐，可减少 20%的中性盐污染，因此，制革化学家们提出了无盐浸酸和不浸酸铬鞣方法，大幅降低了中性盐污染，并提高了铬的吸收率。

鞣制：虽然可以用于鞣革的鞣剂种类很多，但应用最广泛的是铬鞣剂。常规铬鞣法铬鞣剂的利用率一般仅有 65%～75%，是废水中三价铬的最主要来源。高吸收铬鞣法可以提高铬鞣剂的利用率至 80%～95%，少铬结合鞣法可降低铬鞣剂的使用量至 4%以下，降低三价铬排放 40%以上，而皮革性能与常规铬鞣一致，可达到市场的要求，因此该类技术正逐步被企业采纳。值得注意的是，铬鞣法（包括常规浸酸铬鞣法、高吸收铬鞣法和少铬结合鞣法等）目前面临的主要难点是鞣后染整各工序中释放的三价铬的处理问题。无铬鞣法可以彻底解决三价铬污染问题，但其推广受皮革性能以及成本问题所限，目前只有少数企业少量产品在使用。继续开发性能优良的无铬鞣剂和鞣制方法仍是制革工业今后若干年的研发重点。

（3）整饰工段

整饰工段主要是使皮革具有所需要的物理和外观性质，主要工序包括组批、片皮、削匀、复鞣、中和、填充、染色、加脂、干燥、摔软、磨革、修边、涂饰等工序和相应的水洗工序，是制革工业的最后一道工段。

制革的整饰工段分为湿整饰和干整饰两个部分。湿整饰阶段采用复鞣剂使皮革获得良好的身骨和手感，通过染色获得亮丽色彩和优良牢度性能，用天然的或合成的加脂剂获得高抗张强度的柔软皮革，使用特殊的皮革化学品赋予皮革耐水洗性能，使用各种防水剂使皮革具有防水性能。干整饰阶段使用各种聚合树脂、染料、颜料膏、蜡及其他材料，以提高皮革耐用性能及产生各种花纹效果。

复鞣、染色、加脂：目前制革企业选用复鞣剂、染料、加脂剂时，主要注重的是产品本身的使用性能，对其加工过程绿色化、皮革的环境友好性以及这些材料自身的可降解性等考虑较少。越来越多的制革企业开始注意考虑使用环境友好的复鞣剂、染料和加脂剂，但因产品可选择性、成本等问题，推广应用受到一定限制。由于复鞣、染色、加脂工序是 COD_{Cr} 和色度的主要产生源，近年来，技术水平较高的制革企业十分注重选择使用吸收利用率高的染整材料，并采用低液比、少换液的“紧缩”工艺，以降低染整废液及污染物产生量。但部分制革企业在材料采购、工艺制订时，更加关注生产成本和操作简便性，造成湿整饰工段的高污染物排放，加大了末端污染治理的难度。

涂饰：溶剂涂饰与水性涂饰是常见的两种涂饰方法。溶剂涂饰的涂层具有良好的物理机械性能，一般用于中、顶层涂饰过程，是废气中挥发性有机物（VOCs）的最主要来源。水性涂饰其涂层物理机械性能虽有所下降，但是由于操作简单、环境友好而被绝大多数的制革企业所采用。为了进一步提高涂饰材料利用率、降低涂饰材料散失及引发的废气污染，一些制革企业正逐渐采用辊涂和高流量、低气压（HVLP）喷涂等技术。

3.2 制革工业污染物产生情况

3.2.1 废水污染物产生情况

3.2.1.1 废水污染物产生总体情况

废水污染是制革工业最主要的环境污染。制革生产工艺流程复杂，用水量大，使用了大量的化工材料，如酸、碱、盐、硫化钠、石灰、表面活性剂、铬鞣剂、加脂剂、染料及助剂等。化工材料除部分被吸收外，很大一部分进入废水中。同时，在生产过程中，皮中的大量的蛋白质和脂肪转移到了废水中。有研究表明，采用目前的制革技术，每加工 1 t 原料皮，消耗各类化工材料 600～700 kg，并且大约 30%的皮胶原蛋白作为固体废物被抛弃。因此，制革废水中含大量蛋白质分解产物、脂肪、硫化钠、氧化物、三价铬盐及染料等，具有排放量大、污染物种类多、成分复杂、有机物浓度高、悬浮物多、色度深、含硫化物和铬等有毒物质的特点。

制革废水分为含铬废水和综合废水。含铬废水的主要污染物指标为 COD_{Cr}、BOD_5、氨氮、总氮、总铬、氯离子等，特征污染物为总铬，需单独收集进行脱铬处理达到相应排放标准要求后再进入污水处理站。综合废水包括除含铬废水外的所有生产废水、经单独收集脱铬处理后的含铬废水、地面和设备清洗水及废气治理产生的废水等，主要污染物指标为 COD_{Cr}、BOD_5、氨氮、总氮、总铬、氯离子等。综合废水进入污水处理站处理后达标排放。

（1）准备工段

鞣前准备工段废水主要来自浸水、脱脂、脱毛、浸灰、脱灰、软化等工序和相应的水洗工序，主要污染物包括：①有机废物，包括污血、蛋白质、油脂等；②无机废物，包括盐、硫化物、石灰、Na_2CO_3、NH_4、NaOH 等；③有机化合物，包括表面活性剂、脱脂剂等。

准备工段的废水排放量占制革废水排放总量的55%左右，污染负荷比例为60%～70%，是制革废水最主要来源。例如，脱毛、浸灰工序使用石灰和硫化钠或硫氢化钠，使得大量碱性化合物、硫化物、角蛋白及胶原蛋白进入水中，产生的污染物浓度很高，浸灰废液中 COD_{Cr} 达 15 000 mg/L 以上，占废水总负荷的 40%左右，硫化物浓度高达 2 000～5 000 mg/L，占废水总硫化物的 90%以上；脱灰需要使用大量的氯化铵或硫酸铵，废液中氨氮的浓度高达 2 000～4 000 mg/L，占废水总氨氮的 70%以上。

（2）鞣制工段

废水主要来自浸酸、鞣制和相应的水洗工序，主要污染物为无机盐、总铬等。裸皮对铬鞣剂的吸收率一般为 65%～75%，因此鞣制废液中的三价铬浓度较高，达 600～2 500 mg/L。鞣制工段废水排放量占制革废水排放总量的 30%左右，污染负荷占比为 6%～8%。

（3）整饰工段

废水主要来自中和、复鞣、染色、加脂等工序及对应的水洗工序及干整饰工段废气治理产生的废水等。主要污染物为染料、油脂、有机化合物（如表面活性剂、酚类化合物、有机溶剂）、总铬等，废水排放量占制革废水排放总量的 15%左右，污染负荷占比为 20%～30%。

制革各工段废水来源工序及污染物产生相关情况如表 3-1、表 3-2 所示。

表 3-1 制革各工段废水产生环节及污染物情况

工段	项目	污染物情况
准备工段	污水来源工序	浸水、脱脂、脱毛、浸灰、脱灰、软化、水洗
	主要污染物	有机物：污血、蛋白质、油脂、脱脂剂、助剂等 无机物：盐、硫化物、石灰、碳酸钠、NH_4^+等 此外还含有大量的毛发、泥沙等固体悬浮物
	污染物特征指标	COD_{Cr}、BOD_5、SS、S^{2-}、pH、动植物油、氨氮
鞣制工段	污水来源工序	浸酸、鞣制、水洗
	主要污染物	无机盐、三价铬、悬浮物等
	污染物特征指标	COD_{Cr}、BOD_5、SS、总铬、pH、动植物油、氨氮
整饰工段	污水来源工序	中和、复鞣、染色、加脂、废气处理
	主要污染物	色度、有机化合物（如表面活性剂、染料、各类复鞣剂、树脂）、悬浮物
	污染物特征指标	COD_{Cr}、BOD_5、SS、总铬、pH、动植物油、氨氮

表 3-2 制革生产工艺各工段废水污染物产生浓度特征

单位：mg/L，pH 除外

工段	工序	主要污染物指标及产生浓度											污染负荷比例
		pH	COD_{Cr}	BOD_5	悬浮物	硫化物	总铬	氨氮	总氮	动植物油	氯离子	色度	
准备工段	浸水	6～10	5 000～11 800	2 000～5 000	2 300～6 700	—	—	100～1 000	150～1 200	1 700～8 400	17 000～50 000	150～500	60%～70%
	脱脂	11～13	10 000～30 000	3 000～8 000	3 000～5 000	—	—	—	—	4 000～10 000	—	3 000～7 000	
	脱毛浸灰	12～14	15 000～40 000	5 000～10 000	6 000～20 000	2 000～5 000	—	200～1 000	300～1 500	300～800	3 300～25 000	2 000～4 000	
	脱灰软化	6～11	2 500～7 000	1 000～4 000	2 500～10 000	25～250	—	2 000～4 000	2 000～4 000	—	2 500～15 000	50～200 1 000～2 000	
鞣制工段	浸酸鞣制	3.5～5	3 000～6 500	600～1 200	600～2 000	—	600～2 500	150～400	200～500	400～800	2 000～8 000	60～160 1 000～3 000	6%～8%

工段	工序	主要污染物指标及产生浓度											污染负荷比例
		pH	COD_{Cr}	BOD_5	悬浮物	硫化物	总铬	氨氮	总氮	动植物油	氯离子	色度	
染整工段	中和复鞣染色加脂	4～6	15 000～75 000	6 000～15 000	1 000～2 000	—	50～500	100～500	200～1 000	20 000～50 000	5 000～10 000	500～100 000	20%～30%
综合废水		8～10	3 000～4 000	2 000～4 000	2 000～4 000	40～100	0.1～1.5	200～600	250～800	250～2 000	3 000～5 000	600～4 000	—

注：表中数据均为采用传统制革技术所产生的废水中的污染物产生浓度；表中综合废水相关数据是指含铬废水单独收集，并进行预处理达到相应排放标准要求后，再汇入综合废水后综合废水的主要污染物指标及产生浓度。

3.2.1.2 不同产品类型的制革废水污染物产生情况

由于不同产品的工艺类型不同，因此，制革废水污染物产生情况与产品类型有很大关系，牛皮革、羊皮革、猪皮革生产各工段的废水产生比例如图 3-2、图 3-3、图 3-4 所示。

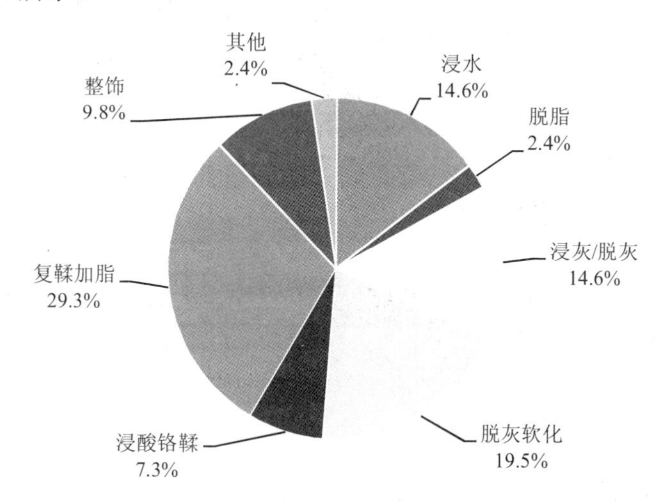

图 3-2 牛革典型工艺各工段废水产生比例

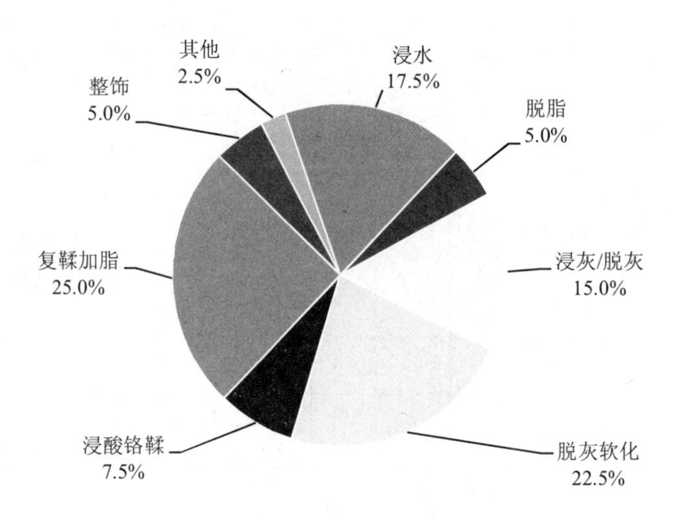

图 3-3　羊革典型工艺各工段废水产生比例

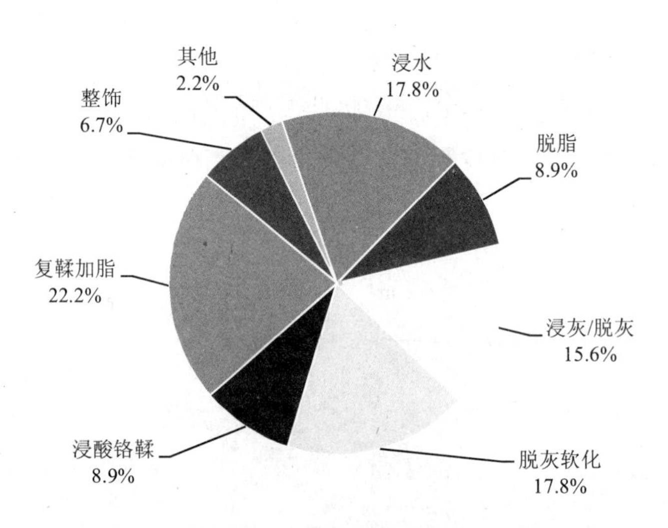

图 3-4　猪革典型工艺各工段废水产生比例

3.2.2　废气污染物产生情况

制革工业废气（锅炉废气除外）主要产生于磨革、摔软、干削匀、涂饰工序及生皮库和污水处理设施。主要污染物类型为挥发性有机物（VOCs）、颗粒物和恶臭气体。

（1）VOCs：制革生产过程中在后整饰阶段产生 VOCs，主要来自各类涂饰材料、有机稀释剂、有机清洗剂等的使用。目前，随着皮革化工材料研发的推进，水性涂饰材料所占比重越来越大。经调研，目前全行业水性涂饰材料应用率已达到 90%以上，只有个别产品生产可能会用到溶剂性涂饰材料，因此制革过程产生的 VOCs 非常少。

（2）颗粒物：在制革的磨革、摔软和干削匀等工序产生的磨革粉尘，以及涂饰工序的雾化涂饰材料液滴。

（3）恶臭气体：原皮在存放过程中，由于细菌的存在，造成蛋白质腐败，其中氨基酸被氧化成甲基吲哚，脱氨放出氨气，水解生成硫醇，散发出臭味。另外，制革脱毛废水中硫化物含量较高，当 pH 低于 9.5 时，硫化物以 H_2S 气体形式散发至空气。其他一些恶臭废气主要来自制革过程和污水处理设施运行过程产生的异味和恶臭。

3.2.3 固体废物的产生情况

制革工业产生的一般工业固体废物主要包括原料皮修边、去肉、脱毛、片灰皮、灰皮修边、综合废水处理等工序产生的废毛、无铬皮固废及综合废水处理污泥等。危险废物主要包括含铬废水处理污泥、皮革切削产生的含铬皮革废碎料等，以及其他列入《国家危险废物名录》或者根据国家规定的危险废物鉴别标准和鉴别方法认定的具有危险特性的固体废物。制革过程中产生的固体废物如不妥善处理会危害周边环境及人体健康。

据统计，每生产 1 t 牛皮大约产生 150 kg 的废水处理污泥。含铬废水处理污泥由于含铬，因此属于危险废物。同时，制革污泥中含有的大量有机氮在堆置、填埋过程会产生大量的硝酸盐，对河流、湖泊、地下水等水体造成潜在污染威胁。目前大量制革污泥仍处于无秩序处置状况，已经成为困扰制革厂的严重问题。含铬皮革废碎料是制革厂鞣革后削匀、剪裁时产生的边角废料，因设备不同、工艺不同、工人操作水平不同，其产生量有很大差别。据计算，制革生产过程加工 1 t 原料皮约产肉渣 120 kg、毛 5～7 kg、剖层废料 133 kg、削匀皮屑 57 kg、修边产生的下脚料 88 kg 及磨革粉尘 3 kg，合计约 406 kg/t。全球每年制革工业产生的含铬皮屑、皮渣达 60 万～100 万 t，美国的年产生量约为 6 万 t，我国年产生量则达到 30 万～40 万 t，由于铬的存在，因此这部分废弃物的处理成为必须重视的问题。

3.2.4 噪声污染的产生情况

制革工业的噪声主要产生于生产设备（如转鼓、磨革机、振软机、剖层机、削匀机等）和辅助生产设备（如风机、空气压缩机、水泵、气泵等）的运行。一般情况下，各主要噪声源声级水平均大于 80 dB（A）。因此，企业规划布局宜使主要噪声源远离厂界和噪声敏感点。

削肉、磨皮作业噪声较大，不易治理，生产上一般将此类型设施设置在独立作业区，使用砖墙或 RC 隔间（钢筋混凝土隔间），并设置吸音材料，如玻璃纤维棉、矿物纤维棉、吸音泡棉等。根据设备噪声的产生部位，在风机进排气管上安装消声器；同时对机体与风管之间采用软连接，对设备基础安装减振垫。空气压缩机在工作时产生的噪声主要来自进出风口产生的强烈噪声，包括柄连杆系统中的冲击声和活塞往复运动摩擦振动的机械噪声，电机冷却风扇噪声及电机轴承运动时产生的机械噪声。各部分噪声中进出风口噪声最高，对总的噪声起决定作用，整机噪声特性以低频为主，呈宽频带。因此对空压机进出风口采用阻抗复合消声器，机体与风管之间用软接头连接。泵类噪声主要来源于泵电机冷却风扇噪声、泵汲取物料而产生的空化和气蚀噪声，脉冲压力不稳定而产生的噪声及机械噪声。这些噪声以冷却风扇产生的空气动力性噪声为最强。电机的噪声频带比较宽，以低中频为主。一般用内衬有吸声材料的电机隔声罩和泵基础减振垫，泵的噪声可降低 15 dB（A）。

3.3 制革工业污染物排放分析

3.3.1 制革工业在国民经济各行业中的污染概况

制革工业排放的污染物在国民经济行业整体污染中占有一定比重，需引起重视。制革工业废水排放量大，且含有重金属物质，会造成严重的环境污染。在国民经济行业的废水排放量排名中，化学原料和化学制品制造业、煤炭开采和洗选业、造纸及纸制品业、纺织业、农副食品加工业、皮革、毛皮、羽毛及其制品和制鞋业等居前几位。皮革、毛皮、羽毛及其制品和制鞋业不仅废水量排放量大，COD_{Cr} 及氨氮排放量也较大；在国民经济行业的大气污染物排放量排名中，化学原料和化学制品制造业、石油加工、炼焦和核燃料加工业、造纸及纸制品业、木材加工及木、竹、藤、棕、草制品业、农副食品加工业、黑色金属冶炼及压延加工业等居前几位，皮革、毛皮、羽毛及其制品和制鞋业在其中只占了很小的比重，但其工业二氧化硫、工业氮氧化物、工业烟（粉）尘的排放量也不低；在国民经济行业的一般工业固体废物产生量排名中，电力、热力生产及供应业、黑色金属冶炼及压延加工业、化学原料和化学制品制造业、煤炭开采和洗选业、黑色金属矿采选业等居前几位，而皮革、毛皮、羽毛及其制品和制鞋业在其中只占了很小的比重，但是其产生的工业固体废物中存在一定量的危险废物，会对环境产生一定的危害。

3.3.2 “十二五”期间制革工业水污染物排放情况

制革工业是废水污染排放大户。2011—2015 年，我国皮革、毛皮、羽毛及其制品和制鞋业工业废水排放量和占比分别为 25 785 万 t（1.21%）、26 515 万 t（1.30%）、24 465 万 t（1.28%）、22 628 万 t（1.21%）、25 868 万 t（1.42%）。2011—2015 年，我国皮革、毛皮、羽毛及其制品和制鞋业工业废水排放量基本维持在 2.2～

2.7 亿 t，占工业总排放量比重维持在 1.21%～1.42%，其中 2015 年我国皮革、毛皮、羽毛及其制品和制鞋业工业废水排放量呈上升的趋势，见图 3-5、图 3-6。

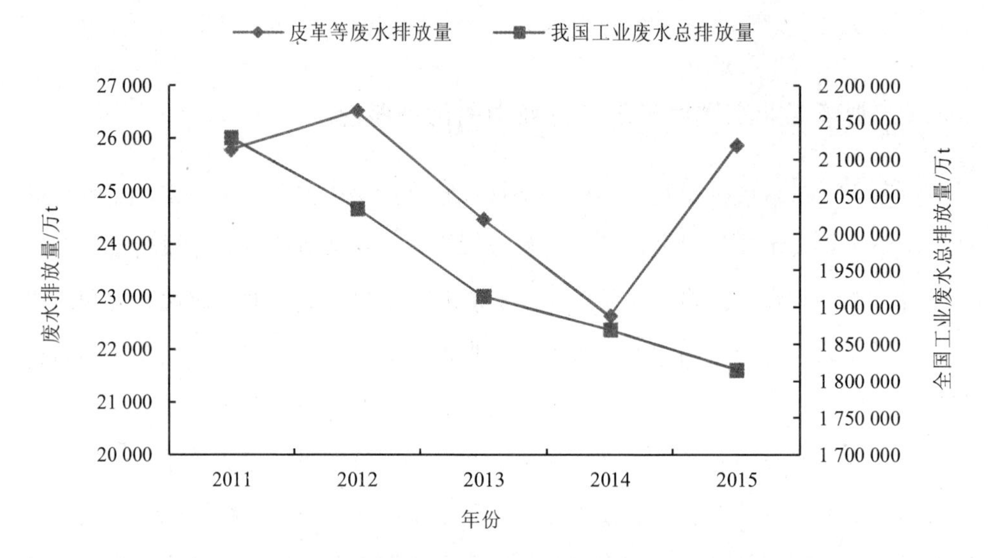

图 3-5　2011—2015 年我国工业废水总排放量及皮革、毛皮、羽毛及其制品和制鞋业工业废水排放量

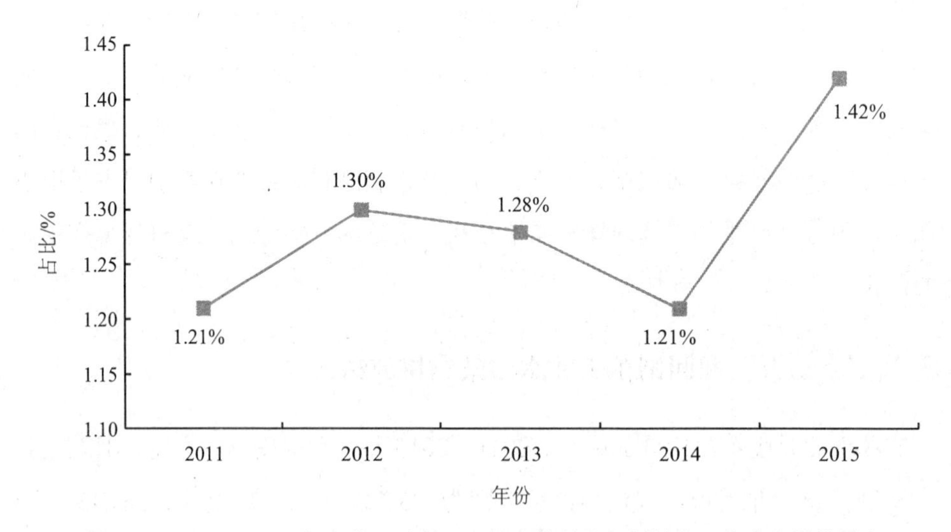

图 3-6　2011—2015 年皮革、毛皮、羽毛及其制品和制鞋业工业废水排放量占我国工业废水总排放量比例

2011—2015 年，我国皮革、毛皮、羽毛及其制品和制鞋业 COD 排放总量分别为 6.5 万 t、6.2 万 t、5.5 万 t、4.9 万 t、5.3 万 t，占工业 COD 总排放量比重分别为 2.0%、2.0%、1.9%、1.8%、2.1%。2011—2014 年，我国皮革、毛皮、羽毛及其制品和制鞋业 COD 排放量和占工业废水 COD 排放总量比重均呈下降趋势，但 2015 年有所增加，见图 3-7。

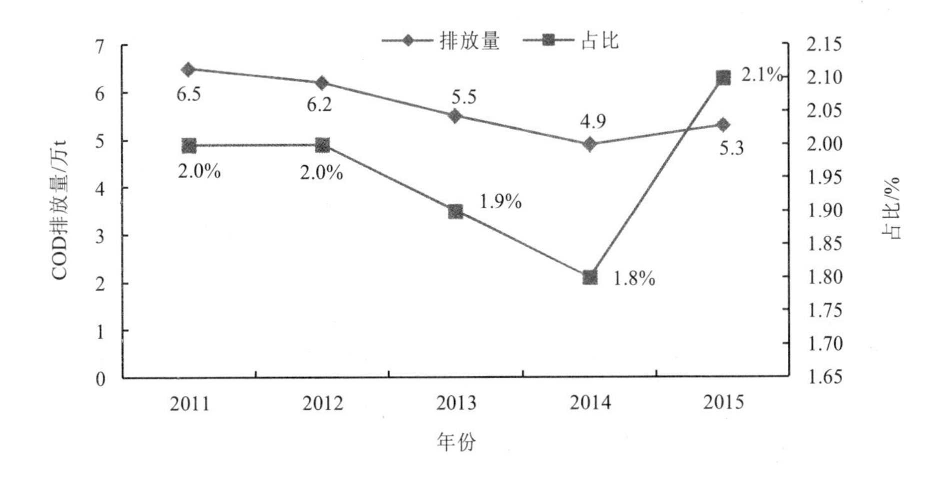

图 3-7 2011—2015 年我国皮革、毛皮、羽毛及其制品和制鞋业 COD 排放量及占工业 COD 排放总量比重

2011—2015 年，我国皮革、毛皮、羽毛及其制品和制鞋业氨氮排放总量分别为 0.67 万 t、0.61 万 t、0.44 万 t、0.37 万 t、0.47 万 t，占工业氨氮排放总量分别为 2.6%、2.5%、2.0%、1.8%、2.4%。我国皮革、毛皮、羽毛及其制品和制鞋业氨氮排放总量在 2011—2014 年呈下降趋势，从 2011 年的 0.67 万 t 降低到 2015 年的 0.37 万 t，降低了近 45%，但 2015 年氨氮排放量有所增加，比前一年增长了约 27%。我国皮革、毛皮、羽毛及其制品和制鞋业氨氮排放总量占氨氮排放总量比重在 2011—2014 年也呈下降趋势，但 2015 年占比有所增加，见图 3-8。

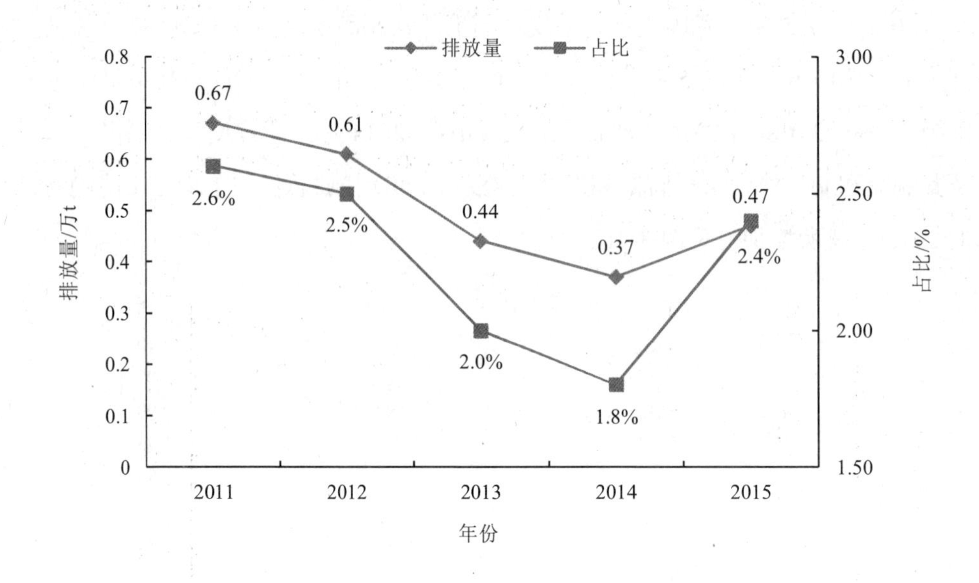

图 3-8 2011—2015 年我国皮革、毛皮、羽毛及其制品和制鞋业氨氮排放量及占工业氨氮排放总量比重

3.3.3 “十二五”期间制革工业大气污染物排放情况

除 3.2.2 小节中所描述的废气污染物外，制革工业所排放的工业废气还包括锅炉废气。随着制革工业的发展，制革集中生产的比重越来越大。据估算，目前制革工业约有 50%的制革工业排污单位在工业园区，大部分工业园区已经实现集中供热，不再建有锅炉。另外，自建锅炉的制革工业排污单位，通过脱硫、脱硝、除尘处理后污染物符合 GB 13271—2014 排放要求。

2011—2015 年，我国皮革、毛皮、羽毛及其制品和制鞋业废气排放量和占工业废气总排放量比重分别为 409 亿 m^3（0.06%）、329 亿 m^3（0.05%）、327 亿 m^3（0.05%）、365 亿 m^3（0.05%）、380 亿 m^3（0.06%），占工业总排放量比重维持在 0.05%～0.06%，上下浮动不大，总体比较稳定，见图 3-9。

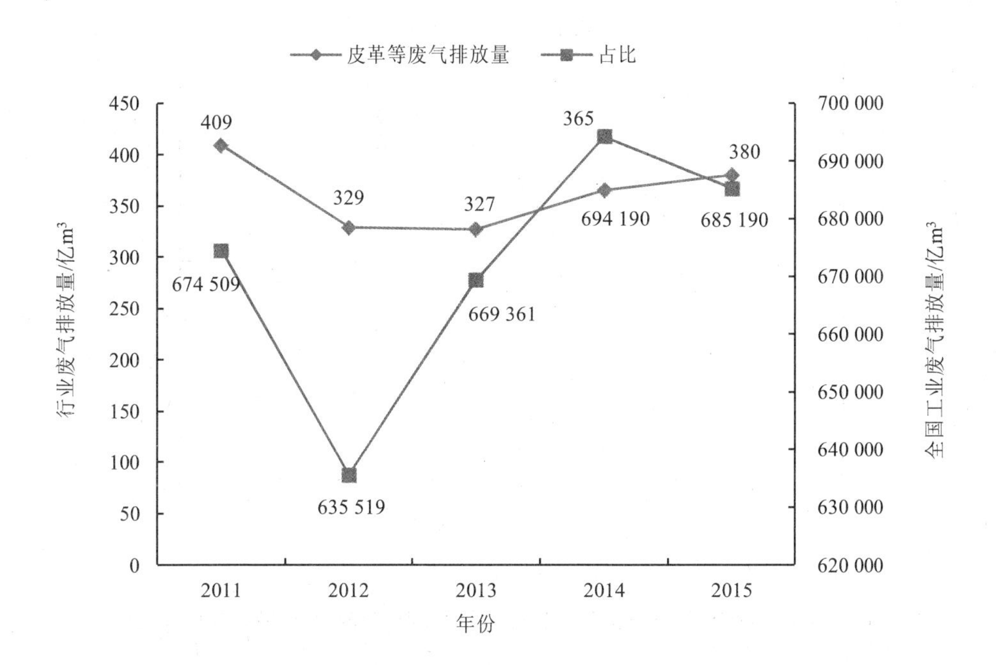

图 3-9 2011—2015 年我国工业废气总排放量及皮革、毛皮、羽毛及其制品和制鞋业工业废气排放量

2011—2015 年，我国皮革、毛皮、羽毛及其制品和制鞋业二氧化硫排放量分别为 2.56 万 t（0.13%）、2.67 万 t（0.15%）、2.59 万 t（0.15%）、2.60 万 t（0.16%）、1.98 万 t（0.14%），整体呈现先增后减的趋势，从 2.56 万 t 增加至 2.60 万 t，增加了 1.67%，2015 年又降低至 1.98 万 t，减少了近 24%。但是由于工业二氧化硫排放总量逐年递减，皮革、毛皮、羽毛及其制品和制鞋业二氧化硫排放量占工业二氧化硫总排放量的比重于 2014 年达到了五年以来的最高值 0.16%，见图 3-10。

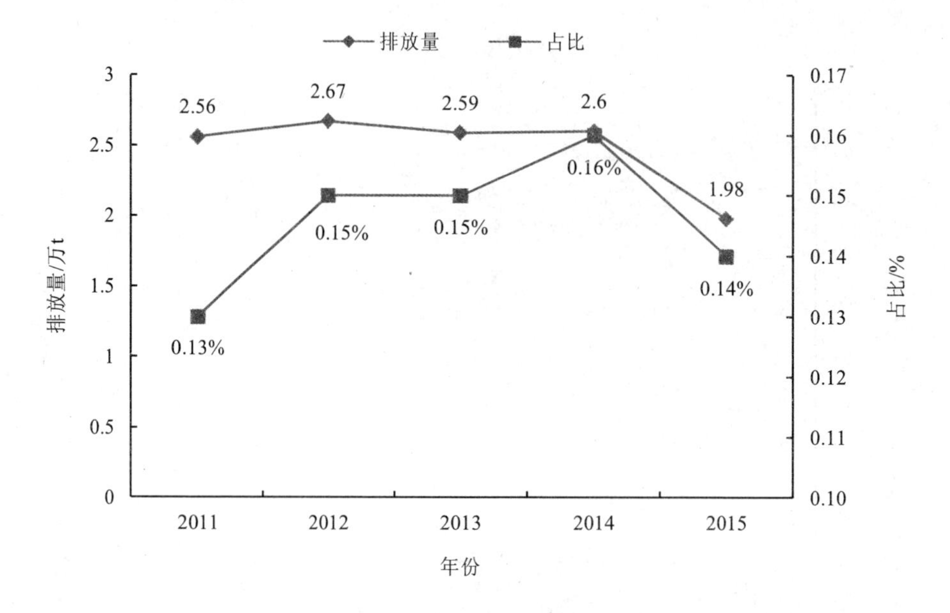

图 3-10　2011—2015 年我国皮革、毛皮、羽毛及其制品和制鞋业二氧化硫排放量及占工业二氧化硫排放总量比重

2011—2015 年，我国皮革、毛皮、羽毛及其制品和制鞋业氮氧化物排放量分别为 0.56 万 t（0.034%）、0.59 万 t（0.037%）、0.62 万 t（0.043%）、0.61 万 t（0.047%）、0.58 万 t（0.053%）。皮革、毛皮、羽毛及其制品和制鞋业氮氧化物排放量整体呈现先增后减的趋势，2013 年达到 0.62 万 t，相比 2011 年增加了近 11%，随后开始降低，2015 年减少至 0.58 万 t，相比 2013 年减少了 6.45%。但是由于工业氮氧化物排放总量逐年递减，皮革、毛皮、羽毛及其制品和制鞋业二氧化硫排放量占工业二氧化硫总排放量的比重呈逐年增高的态势，2015 年达到 0.053%，见图 3-11。

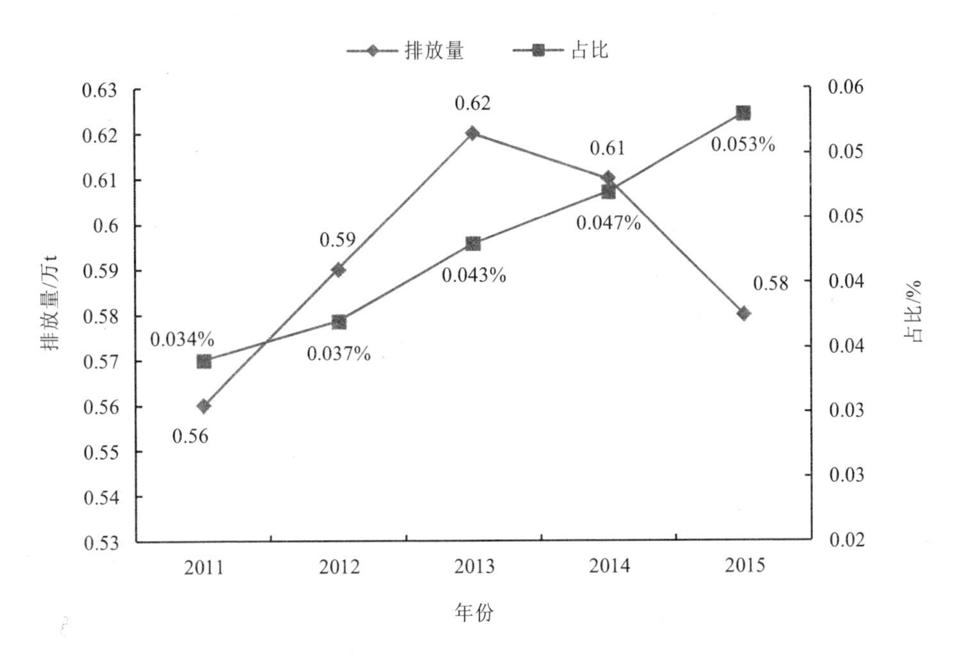

图 3-11 2011—2015 年我国皮革、毛皮、羽毛及其制品和制鞋业氮氧化物排放量及占工业氮氧化物排放总量比重

2011—2015 年，我国皮革、毛皮、羽毛及其制品和制鞋业工业烟（粉）尘排放量分别为 1.30 万 t（0.126%）、1.05 万 t（0.109%）、1.11 万 t（0.108%）、1.12 万 t（0.087%）、1.07 万 t（0.097%）。2011—2015 年，皮革、毛皮、羽毛及其制品和制鞋业工业烟（粉）尘排放量变化较大，2014 年排放量达到五年最低，相较于 2011 年减少了近 20%，随后逐步增长，2015 年又回落至 1.07 万 t，相较于 2011 年减少近 18%。皮革、毛皮、羽毛及其制品和制鞋业工业烟（粉）尘排放量占工业总排放量比重也于 2014 年排放量达到五年最低值 0.087%，其余年份维持在 0.10%左右，见图 3-12。

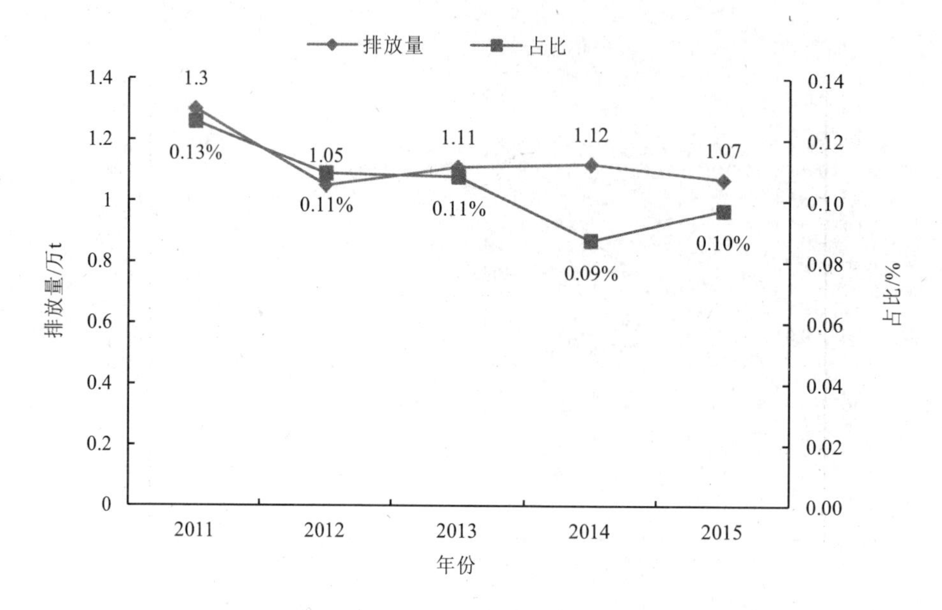

图 3-12 2011—2015 年我国皮革、毛皮、羽毛及其制品和制鞋业工业烟（粉）尘排放量及占工业烟（粉）尘排放总量比重

3.3.4 “十二五”期间制革工业固废产生情况

2011—2015 年，我国皮革、毛皮、羽毛及其制品和制鞋业的一般工业固体废物产生量分别为 63.6 万 t、63.2 万 t、57.4 万 t、58.5 万 t、61.6 万 t，占我国一般工业固体废物总产生量比重分别为 0.021%、0.020%、0.018%、0.019%、0.020%，产生量及占比情况较稳定，见图 3-13。

2011—2015 年，我国皮革、毛皮、羽毛及其制品和制鞋业危险废物产生量分别为 2.86 万 t、2.97 万 t、2.64 万 t、3.10 万 t、3.59 万 t，占我国危险废物总产生量比重分别为 0.083%、0.086%、0.084%、0.085%、0.090%，产生量及占比情况较稳定，见图 3-14。

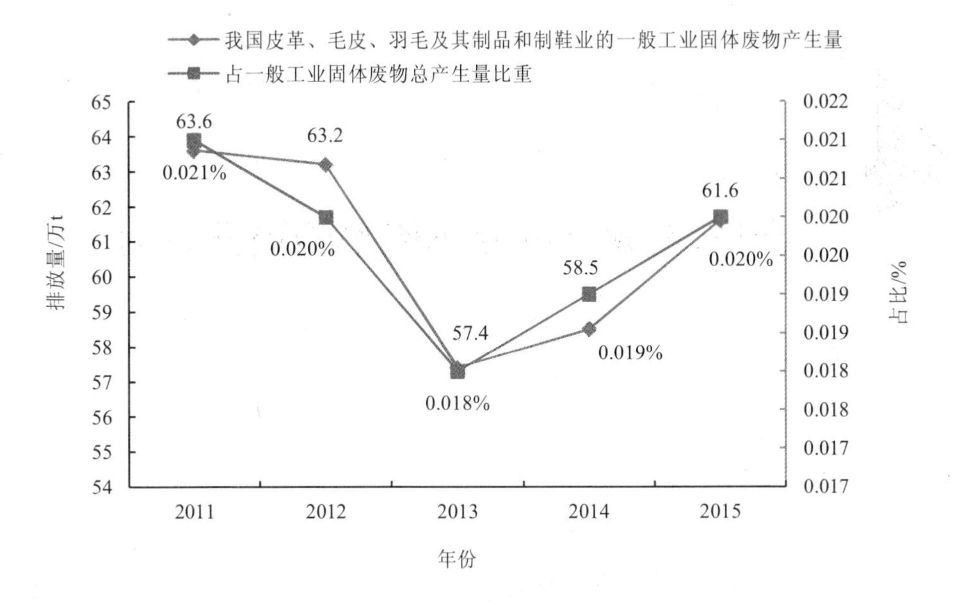

图 3-13 2011—2015 年我国皮革、毛皮、羽毛及其制品和制鞋业一般固体废物排放量及占一般固体废物总产生量比重

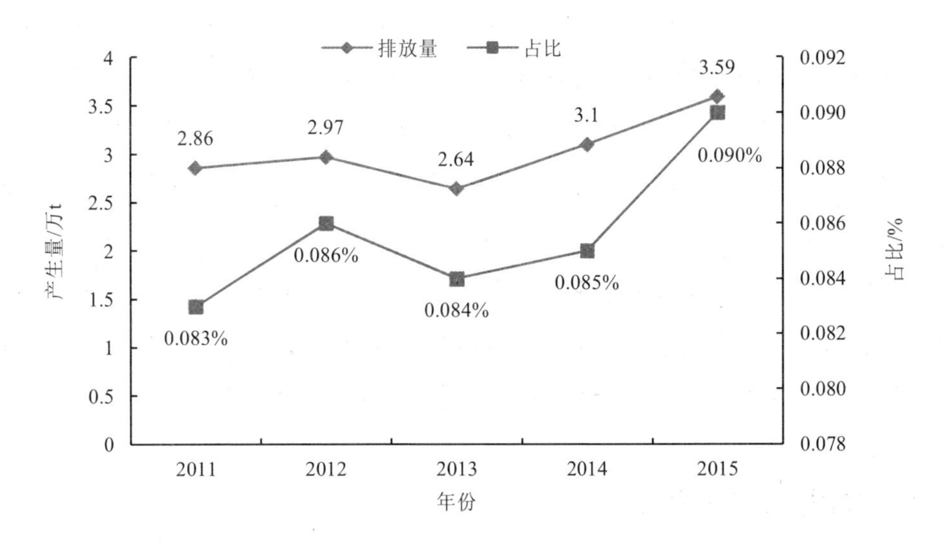

图 3-14 2011—2015 年我国皮革、毛皮、羽毛及其制品和制鞋业危险废物产生量及占危险废物产生量总量比重

制革工业全过程环境整治提升方案

4.1 源头控制方案

（1）制革企业应使用环境友好型化学品替代具有较高环境毒性的化学品，减轻制革加工对人类健康和环境的不利影响。严格禁止使用在国际上禁用的含致癌芳香胺基团的染料，使用新型复鞣、加脂材料，提高皮革对加脂剂的吸收；慎用能促进三价铬氧化为六价铬的富含双键的加脂剂。减少甲醛及其他有害挥发物质的使用。提倡使用新型水溶型或水乳型涂饰材料，逐步替代溶剂型涂饰材料。用非卤化物表面活性剂代替卤化物表面活性剂，用易生物降解的助剂代替不易降解的助剂。

（2）推广使用少盐原皮保藏等原皮保存技术，降低原皮中的盐含量。逐步淘汰撒盐保藏鲜皮的原皮保藏工艺，采用转鼓浸渍盐腌法，或池子浸渍盐腌法等；提倡循环使用盐。严格控制使用卤代有机类防腐剂，禁止使用含砷、汞物质及林丹、五氯苯酚，推广使用无毒和可生物降解的防腐剂。提倡原皮冷冻保藏，鼓励有条件的地方将制革厂建在大型屠宰场附近，直接加工鲜皮。

4.2 过程控制方案

（1）推广使用工艺过程节水技术。主要包括浸水废液循环利用、浸灰废液循环利用、铬鞣废液循环利用等技术。此外，可将制革工序中的流水洗改为闷水洗或闷水洗—流水洗交替进行；将有液操作工序改为无液操作或者小液比工艺，如脱灰工序的有液操作可改为无液操作，复鞣工序可以实施小液比操作；将部分工序合并，降低用水量，浸水工序和脱毛工序可以合并，浸水结束后倒去部分水后直接进行脱毛浸灰操作，脱灰和软化工序合并，中和、复鞣填充工序合并等。采用闷水洗可以减少用水量 25%～30%；采用小液比工艺，可以减少用水量 30%～40%；工序合并工艺可减少废液排出量 50%左右。

（2）制革企业应采用超载转鼓、Y 型转鼓等能实现节水减排的水场加工设备。加强对企业用水量的监控，不但在企业总入水口安装流量计，而且要在用水量大的设备入口安装流量计，做到按工艺精确用水。杜绝大开、大冲、大洗，用水不计量，严重浪费水资源的粗放式的用水操作行为。

（3）鼓励制革企业采用精密型片皮机、削匀机及磨革机等促进制革节能减排降耗的机械设备。

（4）企业使用固体盐对原料皮进行防腐处理的，原料皮浸水前需进行转笼抖盐，并对废盐回收利用或者单独规范处理，以减少进入制革废水中的食盐含量。

（5）制革企业应采取各种清洁生产技术，如低硫或无硫保毛脱毛工艺、低灰浸灰工艺、少氨或无氨脱灰工艺、低盐或无盐浸酸或浸酸废液循环工艺、铬循环利用或高吸收铬鞣、低铬、无铬鞣制工艺、高效喷涂工艺等，减少 COD_{Cr}、氨氮、氯离子、三价铬和挥发性有机物的产生量。

4.3 污染物收集与治理方案

（1）制革加工废水处理应贯彻“分质分流、单项与综合处理相结合”的原则，对各工序产生的含较高浓度有害成分的废水可先进行预处理。可进行预处理的废水包括含硫化物的废水、脱脂废水和含铬废水，其中含铬废水必须进行预处理。

（2）制革企业的含铬废水需单独收集并进行碱沉淀等脱铬处理达到相应排放标准要求后再进入综合污水处理站。

（3）鼓励企业对含硫废水和脱脂废水也进行单独收集和预处理后再进入综合污水处理站，含硫废水预处理推荐采用催化氧化、化学混凝和酸化回收等技术，脱脂废水预处理推荐采用酸提取或气浮等技术。

（4）制革企业综合废水应依次经过物化处理、生化处理后达到《制革及毛皮加工工业水污染物排放标准》（GB 30486—2013）或地方标准后排放，是否进行深度处理可根据排放或回用要求进行选择。

（5）对于执行间接排放标准的从生皮到成品革、从生皮到蓝湿革加工的企业，推荐采用物化处理+好氧生化处理的综合废水处理方式；对于执行间接排放标准的从蓝湿革至成品革加工的企业，推荐采用物化处理+厌氧生化处理+好氧生化处理的综合废水处理方式；对于执行直接排放标准的从生皮到成品革、从生皮到蓝湿革加工的企业，推荐采用物化处理+好氧生化处理+深度处理的综合废水处理方式；对于执行直接排放标准的从蓝湿革至成品革加工的企业，推荐采用物化处理+厌氧生化处理+好氧生化处理+深度处理的综合废水处理方式。

（6）磨革、干削匀、铲软等伴随有粉尘产生的工序，其所用的机器设备应配备有效的通风除尘集尘系统。

（7）涉及挥发性有机物产生的喷涂工序，应配备有效的抽排风系统和挥发性有机物处理设施，确保达标排放。

（8）污水泵房、污泥脱水间、加药间等产生恶臭的废水处理设施均应设置通风或臭气收集设施，采取生物净化、化学氧化或等离子分解等技术进行有效处理，并达到恶臭气体相关污染物排放标准要求。

（9）根据“减量化、资源化、无害化”的原则，对固体废物进行分类收集和规范处置。牛皮加工去肉产生的油渣应进行综合利用，禁止随意丢弃或者排入废水处理设施。采用保毛脱毛法，实现毛的回收利用。鼓励制革企业采用再生铬鞣剂制备技术、工业蛋白及蛋白填料制备技术、工业明胶生产技术、再生革生产技术、静电植绒材料生产技术等固体废物综合利用技术对产生的一般工业固体废物和危险废物在厂界内进行综合利用。对于不能综合利用的固体废物，应做好安全处理处置。

（10）鼓励制革企业集中生产和集中治污。提升现有制革园区水平；在具备环保承载能力、资源充足的地区建立制革园区，聚集制革企业集中生产或承接制革企业转移；新建（改扩建）制革企业应进入依法合规设立的制革园区或工业园区，鼓励园区外的企业迁入园区；制革园区或工业园区，应建设污水集中处理设施，对园区内企业污水统一收集、集中处理，稳定达标排放；在制革园区建立集中供热系统，逐步淘汰分散燃煤锅炉。

4.4 环境管理方案

（1）环境管理制度与环境风险预案健全并有效实施。制定完善的企业环境管理制度并有效运转；制定切实可行的突发环境事件应急预案并定期开展应急演练；应急工程设施建设、应急物资储备等符合规定。

（2）企业应严格执行环境管理台账制度和自行监测制度。在一类污染物车间排放口和企业总排口，根据行业监管要求，筛选特征污染物，安装通过生态环境部环境监测仪器质量监督检测中心适用性检测的在线监测设施。排污单位在监控设施建成后自行组织专家验收。编制企业自行监测方案，开展自行监测工作。实现在线监测设备与环保部门联网，保证设备运行率、监测数据传输率和数据有效率不低于 90%；按期如实向当地生态环境部门提供在线监测数据。

（3）企业须进行雨污分流。厂区内废水管线和处理设施做好防渗，防止有毒有害污染物渗入地下水体。对污水管道及排污沟（口）定期清理，确保畅通，并做好检查记录。企业的废水排放口应适于采样、监测计量等工作条件，并按所在地环境保护主管部门的要求设立标志。

（4）化学需氧量、氨氮、二氧化硫、烟粉尘、挥发性有机物、总铬等污染物排放量达到排污许可管理的指标要求；废水、废气、噪声、恶臭等各项污染物排放达到国家或地方污染物排放标准要求；建立排污监测档案并做好自测的质量管理工作。

（5）污染防治设施和自动在线监控设施正常有效运行。环保设施完备，企业污染治理设施应当保持正常使用；按规定安装主要污染物和特征污染物自动监测设备，并通过生态环境部门验收，实现与生态环境部门联网，保证监测设备运行率、监测数据传输率和数据有效率不低于90%；按期如实向当地生态环境部门提供自动监测数据有效性审核自查报告，配合自动监测数据有效性审核。

（6）加强在线监控设备的管理、维护和运用。制革企业废水在线监控设备要分别连接到当地生态环境部门监控室和废水集中处理设施中控室。当地生态环境部门要加强检查、比对。废水集中处理设施运营单位有权由有资质的单位或持证上岗人员对服务范围内的各皮革企业排水情况进行采样监测；废水集中处理设施在线监控数据必须连接至省、市、县三级生态环境部门监控中心。

（7）水环境风险防范措施。所有企业应完善初期雨水、事故废水的收集处理设施，设置初期雨水、事故废水收集池，收集池宜采取地下式设计并布置在厂区地势较低处。初期雨水、事故废水须进行有效处理，防止废水直接外排。制定突发环境事件应急预案，定期排查环境安全隐患，配置应急物资，加强演练。企业废水治理设施发生异常或重大事故时，应实施相关应急预案，及时采取应急措施，并按规定向有关部门报告。

（8）地下水污染防治措施。在企业生产厂区应采取分区防渗措施，含铬废水管线应采取架空或地上明渠明管敷设措施，废水管道应满足相应防腐、防渗漏、防堵塞等方面建设规范及标准要求，生产装置等易污染区地面应按相关要求进行防渗处理，同时制定有效的地下水监控方案，防止地下水污染。

（9）污泥、废渣等不得露天堆放，存放场所应进行防渗处理，并在周围设置截流和收集设施。

（10）一般工业固体废物自行处置或综合利用的，应当明确最终去向，或与综合利用单位签订合同；危险废物应由有资质的单位进行处置。

（11）新建（改扩建）制革企业必须符合国家法律法规、产业政策和行业发展规划，符合土地利用总体规划、土地供应政策和土地使用标准，严格执行环境影响评价制度。在自然保护区、风景名胜区、饮用水水源保护区、文化保护地等环境敏感区内，以及土地利用总体规划确定的耕地和基本农田保护范围内，禁止新建（改扩建）制革企业。

（12）鼓励制革企业开展清洁生产审核和“一企一策”企业深度治理方案制定，建立清洁生产持续推进机制，提升企业清洁生产和绿色发展水平。

5 制革工业污染预防技术

5.1 化学品替代技术

传统皮革加工过程所用到的化学品中含有部分有害化学品，会产生有毒气体（如硫化物、铵盐等），或含有易挥发有害成分（如甲醛、有机溶剂等），或分解产生有毒物质（如烷基酚聚氧乙烯醚、禁用偶氮染料等），或难以生物降解，对人类健康和自然环境造成不利影响。因此，鼓励制革企业使用环保绿色的原辅材料，进行有毒有害化学品替代。常见的制革工业环境友好型化学品替代技术如表 5-1 所示。

表 5-1 环境友好型化学品替代技术

工序	有害化学品	环境友好型代用化学品	削减污染物
浸水、浸灰、脱脂	难降解表面活性剂、烷基酚聚氧乙烯醚（APEO）	生物酶制剂、脂肪醇聚氧乙烯醚或支链脂肪醇聚氧乙烯醚	难降解表面活性剂、烷基酚聚氧乙烯醚、低聚氧乙烯、1,4-二噁烷等
脱脂	有机卤化物	非卤化溶剂，如线性烷基聚乙二醇醚、羧酸、烷基醚硫酸、烷基硫酸盐，采用水相脱脂系统；对卤化溶剂采用封闭系统，溶剂回用，减排技术和土壤保护等措施	有机卤素污染物
脱灰	铵盐	硼酸，乳酸镁和有机酸，如乳酸、甲酸、醋酸及有机酯等	铵盐

工序	有害化学品	环境友好型代用化学品	削减污染物
浸酸	传统有机酸和无机酸	不膨胀酸性化合物	氯离子
鞣制、铬复鞣	含甲醛鞣剂和复鞣剂、非高吸收铬鞣剂	低/无甲醛鞣剂和复鞣剂、钛盐（仅用于预鞣以及复鞣）、铝盐、锆盐等非铬金属鞣剂、植物单宁与非铬金属鞣剂/醛类化合物结合	甲醛、三价铬
染整工段	禁用染料	环保型加脂剂、环保型染料、低氨氮复鞣剂、高吸收染整助剂	致癌芳香胺化合物等
涂饰	溶剂型涂饰材料、甲醛	水性涂饰材料、无甲醛材料	VOCs、甲醛
原皮保藏、鞣制（醛类鞣剂鞣制）	已限用的杀菌剂、杀虫剂等	环境友好型杀菌剂、杀虫剂	有毒有害杀菌剂、杀虫剂等
鞣后各工序	有机卤化物、禁用染料、未吸收的油脂、染料	不含有机卤化物的加脂剂、染料、防水剂、阻燃剂等；与铬具有高亲和及高吸收的复鞣剂，氮含量及盐含量低的复鞣剂，高吸收加脂材料（如乳液加脂剂），低盐配方、易吸收、液态的染料	有机卤化物、致癌染料等
湿整饰工序	络合剂，如乙二胺四乙酸（EDTA）和次氮基三乙酸（NTA）	使用生物降解性好的络合剂	有毒有害络合剂

5.2 原皮清洁保藏工艺

用盐（氯化钠）保存生皮是全世界通用的传统方法。盐能从自然界大量获取，且具有抗菌和脱水双重功能。用盐腌制后，生皮中的水分含量可从 70%降至 30%，不再适合细菌生存。盐腌法保存生皮简易有效，却会造成严重的生态环境污染问题。在制革加工过程中，盐腌皮中的盐大量进入生产废水中，造成氯离子浓度大幅增高，且难以有效除去。因此，需要开发新型生皮保存技术以缓解盐腌法带来的生态环境污染问题。

5.2.1 少盐原皮保藏技术

少盐原皮保藏技术是指结合使用食盐和脱水剂或结合使用食盐、杀菌剂和抑菌剂，以实现中短期生皮保藏目的的技术。由南非 Russell 等研制的 LIRICURE 工艺是将杀菌剂粉末涂在肉面后，再进行折叠堆置的保存方法。工艺中的杀菌剂由 25%的乙二胺四乙酸（EDTA）钠盐、40%的 NaCl 和 35%的中粗锯木屑组成。皮中的水分可起到稀释、扩散杀菌剂的作用，故而皮张重量轻，易于码垛运输。一般来说，EDTA 钠盐并不具有直接杀菌能力，但它能络合细菌细胞壁中的金属离子，引起细胞壁发生渗透性变化和金属酶活力单元变化，从而抑制细菌生长繁殖。

与传统盐腌法相比，少盐原皮保藏技术可减少腌制过程的盐用量 20%，减少原皮中的盐含量 30%～40%，降低制革工艺废水中的氯离子含量和废水处理难度。使用该技术的原皮粒面无损伤，无“红热”发生。但原皮在室温下的保存期短于盐腌皮，仅有 2 周左右。

5.2.2 原皮干燥保藏技术

原皮干燥保藏技术是指在生皮保藏过程中不添加保藏剂，仅依靠除去生皮中的水分，造成不利于细菌繁殖的干燥条件，从而达到生皮防腐目的的技术。目前常用的方法为空气干燥保藏法，即在自然干燥时，将皮板展平（片状皮）铺在桌上或钉在木板上，皮毛朝下，皮板朝上，置于空气流通和阳光不能直射的篷下或阴凉处进行干燥，防止雨淋或露水打湿。

该技术处理过程中不使用盐和其他化学品，无环境污染，成本较低。但受气候条件限制，仅适用于湿度较低且气候温暖的地区。

5.2.3 原皮低温处理技术

原皮低温处理技术是指将生皮进行低温冷藏从而实现防腐目的的方法。皮张从动物体上剥离后迅速降低皮张温度，并于冷藏室内保存，从而抑制生皮中的细菌生长繁殖，达到防腐保存的目的。研究显示，只有在原皮剥离之后立即实施连续和均匀的冷却，使其温度降到 8℃以下，才能有效地防止细菌对粒面造成损伤。当保藏温度为 2℃左右时，原皮可以保存 3 周以上。该技术也可配合使用环境友好型杀菌剂，或与盐腌工艺结合使用。因降温冷藏方式的不同，该技术又分为通冷气法、加冰法和加干冰法。

（1）通冷气法

通冷气法是指将皮挂于传送带上通过冷空气进行降温。澳大利亚一家工厂以每小时处理 300 张皮的速度在连续生产线上进行加工处理，48 min 内将皮张冷却至 5℃后可贮存 5 d。

该技术不涉及盐的使用，因此可以消除盐污染，具有很好的生态环境效益，且保存的生皮与鲜皮性能相近。但该技术需要特殊的冷藏库及连续生产线，投资成本高，因此只适用于大型屠宰厂。

（2）加冰法

将刚剥下的皮与小块冰在容器中充分混合，2 h 内可使皮张温度从 30℃降至 10℃。在无须进一步处理的情况下，可贮存生皮 24 h。该技术在瑞士、德国、奥地利等国已有大规模应用。

该技术工艺简单，且实施成本较低，仅需制冰机即可完成，成本远低于通冷气法和盐腌法。但生皮保存期太短，因此适用范围受限。

（3）加干冰法

新西兰最先将较多应用于食品工业的干冰保藏法引入制革工业中。与普通冰相比，干冰产生的温度更低（–35℃），因此可以迅速且均匀地冷却皮张，且无回湿和普通冰融化流水的问题，保存时间可达 48 h 以上。

该技术可基本消除制革废水中的盐排放问题，但需设置冷藏库，能耗较大，且运输成本较高。因此，仅适用于屠宰场与制革厂距离较近、原皮购销渠道固定、原皮能在短期内投入生产的制革企业。在使用此法时应注意 CO_2 窒息风险和 CO_2 高压处理问题。

5.2.4 辐射法

辐射法是指用高速电子射线照射生皮，使皮内的酶失活并杀死细菌，从而实现生皮防腐目的的技术。工艺过程主要包括两个步骤：一是使用可与辐射起协同效应的专用化学溶液对生皮进行浸泡，提升保存效果；二是用 10 MeV 的电子射线对生皮进行照射。经过处理后的皮张如果密封于塑料袋中不与外界接触，可保存 6 个月左右；若是码于木托盘上，则应避免沾污并在 4℃条件下进行保存。

辐射法可有效避免盐的使用和污染，并能实现生皮长期保存的目的，且处理过程时间短，处理的生皮与鲜皮在成革外观和抗张强度等方面无明显区别。但因处理设备特殊，且需要配套灭菌包装或冷藏库，投资成本高，仅适于规模较大的工厂。

5.2.5 硅酸盐保藏法

硅酸盐保藏法是指用硅酸钠和酸在 pH 5.5 的条件下混合后，洗去中性盐，用喷雾干燥并研磨得到粉状物质，代替氯化钠直接涂抹于原皮肉面从而实现原皮防腐目的的技术。该技术处理后的生皮可保存 6 个月以上。对比多种因素来测量该技术的效果，如用核磁共振微成像技术来测量水分的含量、用氮分析仪来测量所有的可萃取氮含量、用标准琼脂板来计数细菌、用扫描电镜来分析纤维结构等，结果显示，该技术能实现与盐腌皮相同的生皮保存效果，且在后续的浸水和制革过程中不会产生任何不良后果。

该技术效率高，易于采用，保存的生皮性质和用盐腌法保存的生皮性质相仿。硅酸盐几乎不溶于水，因此，与盐腌法相比，该技术可减少 70%～75%的溶解性总固体和 80%～85%的氯离子排放，有效降低制革废水污染。虽然硅酸盐粉末的价格是食盐的两倍，但考虑到后续制革废水处理成本的降低和原皮运输成本的降低，该技术在经济上是可行的。

5.2.6 氯化钾保藏法

以 KCl 代替 NaCl 的技术最早由加拿大钾盐化学家 Joe Gosselin 提出，其加工过程与常规盐腌法相似，只是 KCl 溶液的浓度至少在 4 mol/L 以上，且应结合适当的机械作用以确保皮内 KCl 的浓度也达到一定程度。该技术处理的生皮保藏期可达 3 个月。

用 KCl 处理后的生皮未发现嗜盐菌，避免了红热现象的发生，蓝皮的手感、抗张强度、收缩温度等物理性能基本与 NaCl 处理的皮无明显差别。但 KCl 的价格比 NaCl 高很多，且 KCl 的溶解度受温度影响较大，为保证所需浓度，要用低压蒸汽将温度保持在 21℃。使用该技术处理的生皮后期加工产生的废水经处理后可以被土地吸收利用以供给植物生长所需的 K^+，这是 KCl 废液所具有的独到优越性，但植物的吸收能力并不是无限的，因此仍需进一步研究确定具体废水排放量，以确保土壤肥力不会出现负效应。

5.2.7 硼酸保存法

硼酸保存法是指使用 5%的硼酸但不用盐，或者用 2%的硼酸和 5%的盐来保存生皮，可应用于 30～35℃的环境温度。硼酸具有从蛋白纤维的间隙中吸收湿度的特性，使皮内的水分向外移出并助以挥发继而减少生皮的水分。此外，硼酸也有抗菌性，因此可替代氯化钠进行生皮防腐。

实验结果证明，上述两种方法都可减少污水中 80%的溶解性总固体和氯离子排放。通过硼酸法进行防腐后生皮的纤维没有发生大的变化（图 5-1、图 5-2、图 5-3）。此外，硼酸在使用过程中不会对人体造成任何严重的危害，且该技术也不需要另外的基础设施来实施。

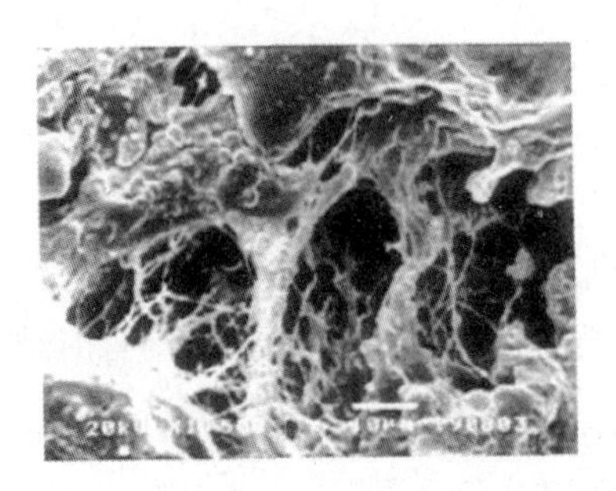

图 5-1 2%硼酸+5%食盐处理后生皮的纤维结构

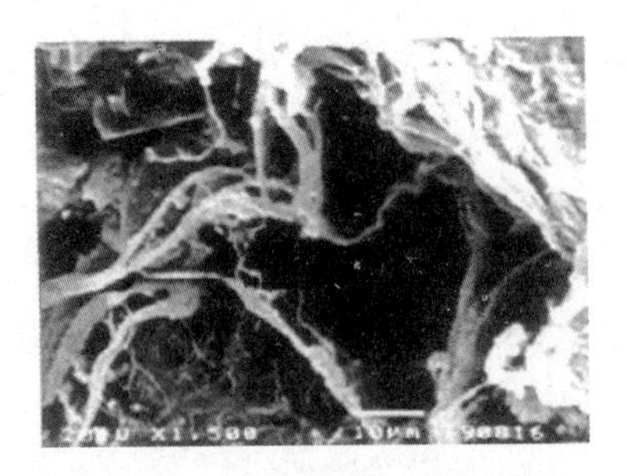

图 5-2 5%硼酸处理后生皮的纤维结构

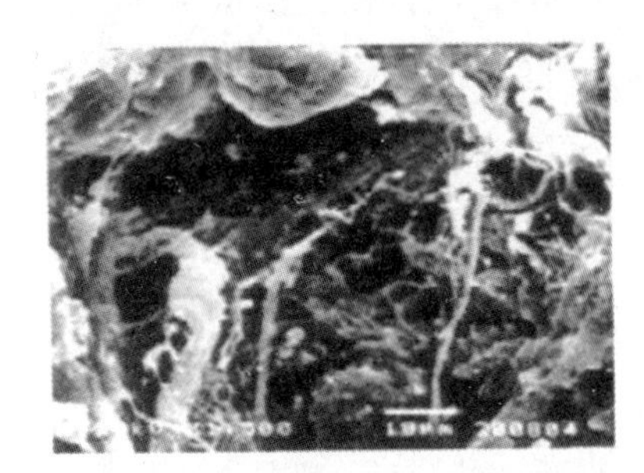

图 5-3 40%食盐处理后生皮的纤维结构

5.2.8 SMBS 法

科学家们还发明了使用偏亚硫酸氢钠（SMBS）来保存生皮的新方法，这种方法证实了只使用 1%的 SMBS，或者使用 0.5%的 SMBS 和 5%的盐来保存生皮的方法是可行的。检测结果显示，SMBS 法保存的生皮氮气含量和细菌量比盐腌法更少。这表明，相比盐腌，SMBS 法保存的生皮处在一个更好的状态。从保存的生皮上得到的物理数据看，SMBS 法没有对生皮的胶原网络造成不利影响。从保存生皮过程的污染情况看，SMBS 法产生的溶解性总固体和氯离子含量可减少至传统盐腌方法的 1/20～1/15。

5.2.9 细菌素保存法

细菌素是由乳酸菌合成的一种抗细菌和真菌的核糖体材料。这项技术的原理是使用细菌素来抑制生皮上微生物的活动。实验结果显示，经 15%的细菌素处理过的山羊皮在室温下保存 7 d 后仍能完全抑制微生物的生长。制成的粗鞣革的物理性质数据显示，由于细菌素的保护，皮的纤维结构并没有遭受明显的破坏。且制革废水中的溶解性总固体降低了 94.4%，氯离子降低了 95.6%。这意味着细菌素可以作为一款很有潜力的保存生皮的代替物来使用。

5.3 准备工段清洁生产技术

5.3.1 转笼除盐技术

转笼除盐技术是指在浸水工序之前，将盐腌皮置于转笼（用纱网做的转鼓）中，通过转笼的机械转动作用，使皮张外的部分食盐脱落的技术。操作时，应严格控制转速，使盐腌皮在转笼中缓慢转动，直至两次称重相差不超过 1%时将皮取出，回收盐。脱落的食盐可以进行收集、处理和再使用。

该技术适合以腌制方法保存的生皮，可回收约 25%的盐，降低废水中的中性盐浓度和处理成本。但原料皮的品质可能因为机械转动受到影响，因此需要严格控制转笼转速。

5.3.2 低硫低灰脱毛技术

低硫低灰脱毛技术是指用含硫有机物，如硫乙醇酸盐、硫脲衍生物，特别是巯基乙醇，或同时用酶制剂，代替或部分替代无机硫化物进行脱毛的技术，具体硫化物用量与采用的脱毛工艺有关。巯基化合物的脱毛原理类似于无机硫化物，其优点是容易被空气氧化除去。由于巯基化合物成本较高，一般将其用作助剂来降低硫化物的用量。

低硫低灰脱毛技术可用于保毛脱毛工艺，也可用于毁毛脱毛工艺，可有效降低硫化物的用量及废水中污染物的排放量。

5.3.3 保毛脱毛技术

保毛脱毛技术，也称“免疫”法脱毛技术，即首先对毛干进行护毛（也称“免疫”）处理，再通过控制碱和还原剂对毛的作用条件，使脱毛作用主要发生在毛根，从而较完整地将毛从毛囊中脱除，再使用循环过滤系统将毛回收利用而不进入废水。该技术能有效减少废水中COD_{Cr}、BOD_5、悬浮物、有机物等的排放，降低后期污水处理成本，废毛可被加工为蛋白填充剂回用于制革。目前常见的保毛脱毛法包括石灰保毛脱毛法、有机胺类保毛脱毛法、灰碱保毛脱毛法、过氧化氢氧化脱毛法及酶法脱毛等。

（1）石灰保毛脱毛法

用石灰液直接浸灰保毛脱毛是一种传统的脱毛方法。石灰的作用包括使胶原纤维膨胀、起到松散作用，且氢氧化钙微溶于水，饱和石灰水的 pH 不会太高，短时间内不会使皮胶原过度水解。在 10～20 g/L 的氢氧化钙溶液中，真皮和表皮交界处发生水解，3～5 d 后毛根松动，再以机械作用进行去除。

这种脱毛法操作简单、安全，所用的石灰也相对较便宜。但其脱毛所需时间过长，灰液对皮板的水解作用加剧，有产生松面的危险。现在在工业生产中基本不单独使用。

（2）有机胺类保毛脱毛法

有机胺类保毛脱毛法基本原理是有机胺对表皮层角质及毛囊的腐蚀力比硫化物更强，而对毛干的腐蚀力比硫化物轻，从而不会完全溶解毛。1927 年，Melaughlin 等发现伯胺可以促进脱毛，经过研究之后发现甲胺和二甲胺都有良好的脱毛作用，其中二甲胺效果最好。后来 Rohm & Haas 公司的 Smervihe 博士等研究出了二甲胺—氢氧化钠脱毛体系，脱毛迅速完全，成革质量好，毛可回收，污染少。

但二甲胺脱毛成本高，毒性大，因此没有得到广泛应用。现在将一些无毒低毒的胺，如羟胺、醇胺等用作脱毛助剂，可抑制膨胀，增强脱毛效果，减少硫化物用量，提高成革质量。

（3）灰碱保毛脱毛法

灰碱保毛脱毛法的基本原理是，首先使毛干受到保护而不受硫化物的作用，然后毛根在硫化物的作用下被溶解，使毛较完整地从皮上脱落，再过滤废液分离出毛。目前，灰碱保毛脱毛法主要可分为两类：①先进行硫化物处理再进行碱处理的方法；②先进行碱处理后进行硫化物处理的方法。前者的典型代表是澳大利亚联邦科学与工业研究所（CSIRO）研究成功的 Sirolime 保毛浸灰系统和原罗姆公司开发的硫化氢保毛浸灰系统；后者也称碱免疫保毛脱毛法，典型代表是 Rohm & Haas 公司研究开发的 Blair 脱毛系统。

（4）过氧化氢脱毛法

在过氧化氢脱毛法中，毛的破坏是过氧化氢和氢氧化钠共同作用的结果。过氧化氢的氧化作用可破坏毛胱氨酸的双硫键，且在碱性条件下作用更加强烈。由于毛根比毛干更易受到破坏，因此过氧化氢脱毛法有利于保毛脱毛的实施，也可以在过程开始之前加入氢氧化钙对毛干进行护毛。脱毛过程中还可以加入一些助剂，如羟基胺等，有利于缓慢提高溶液的 pH，也可以起到促进脱毛的作用。

由于发生了交联反应如自由基反应和醛—胺缩合反应，过氧化氢在脱毛过程中能较好地除去非胶原蛋白，同时对皮胶原纤维有一定的保护作用，所以成革的抗张强度提高，但伸长率和崩裂强度降低。此外，与传统 Na_2S 脱毛相比，过氧化氢脱毛后氨基酸氧化产生羧基，阴离子基团增加，裸皮的等电点降低，铬鞣后的铬含量增加，收缩温度提高，可以减少铬用量。但该技术控制不当会影响成革的物理力学性能，且过氧化氢对木转鼓有腐蚀作用，改用不锈钢转鼓设备投资大，耗用的化工材料成本也较高，因此不容易推广。

（5）酶法脱毛

酶法脱毛是利用微生物产生的蛋白酶催化分解表皮、毛根和基底膜蛋白质，从而获得脱毛的效果。1910 年德国人 Otto Rohm 成功地用胰酶进行脱毛，开创了酶脱毛的先河。自此以后，有关酶脱毛的机制、工艺和酶制剂筛选的研究一直没有停止过。脱毛酶主要分为两类：一类作用于毛与皮的连接处，可以实现保毛脱毛效果，实际应用较多；另一类直接作用于毛，实际应用相对较少。

保毛脱毛酶的使用可使制革废水中的溶解性总固体降低约 30%，总悬浮物降低约 70%，BOD_5、COD_{Cr} 及有机氮降低约 50%，氨氮降低约 25%，硫化物降低 50%～60%。吨牛皮的毛回收量为 30～50 kg，吨羊皮的毛回收量大于 100 kg，适用于安装有循环过滤设备的企业。

5.3.4 脱毛浸灰废液直接循环利用技术

传统的脱毛浸灰方法仅消耗掉 50%～55%的硫化物和 40%～45%的石灰，大量的硫化物和石灰残留于废液中。脱毛浸灰液直接循环利用技术是收集含硫化物的保毛脱毛浸灰废液，过滤并调节浴液化学成分后，重新用于另一次脱毛浸灰作业，适用于处理制革生产中以硫化物为脱毛剂的脱毛浸灰废水。脱毛废液毛分离及循环设备装置和脱毛废液循环设备装置如图 5-4 和图 5-5 所示。

图 5-4 脱毛废液毛分离及循环设备装置

图 5-5 脱毛废液循环设备装置

该技术可实现浸灰废液回收率 50%～70%，减少制革废水中 50%～70%的硫化物污染，BOD_5、COD_{Cr}浓度也可大幅降低。但脱毛浸灰过程中所产生的毛的溶解物、硫化钠的氧化产物、氯化物、蛋白质、油脂等会在循环废液中不断累积，影响皮革的质量，因此需要加强过程控制，且限制废液循环次数在 5 次以内。

5.3.5 浸灰废液全循环利用技术

浸灰废液全循环利用技术是指将浸灰废液置于配有罗茨风机的密闭容器中，加入酸性材料使浸灰废液中的硫化物转化为硫化氢气体逸出，并用碱性材料吸收生成硫化物，重新用于保毛脱毛的浸灰阶段，同时使废液中的蛋白质达到等电点而沉淀出来，并进行回收。回收硫化物和蛋白质后的浸灰废液的上清液可以回用于浸水工序，回收的硫化钠回用于脱毛工序，回收的蛋白质制备蛋白填料后回用于制革的复鞣工序，从而全部浸灰废液得到回收利用。浸灰废液全循环技术流程如图 5-6 所示。

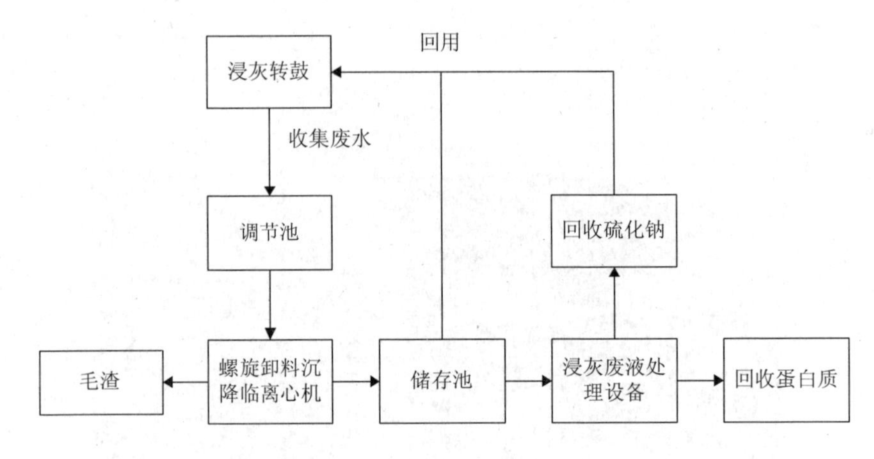

图 5-6 浸灰废液全循环技术流程

整个反应过程原理如下所示：

硫化钠的回收：

$$\text{（脱毛废液中）} S^{2-} + 2H^{+} \longrightarrow H_2S\uparrow$$

$$2Na^{+} + H_2S + 2OH^{-} \longrightarrow Na_2S\text{（新鲜溶液中）} + H_2O$$

蛋白质的回收（P 代表蛋白质）：

$$\text{（脱毛废液中）} {+NH_3\text{-}P\text{-}COO^{-}} + H^{+} \longrightarrow {+NH_3\text{-}P\text{-}COOH}\downarrow$$

浸灰废液中的蛋白质在 pH 3.5～4.5 时可以获得较好的沉淀作用，而在此 pH 条件下废液中的硫化物可以完全转化为硫化氢气体并进行回收，因此，回收蛋白质和回收硫化钠可以同时进行。

该技术采用通入气体的方法，省去了反应釜中的搅拌装置，提高了硫化氢气体的回收率，提高了容器的密封性能。可以降低 50%以上的 COD_{Cr}，节约 30%以上的硫化钠，节约废水处理中 90%以上的硫酸亚铁，大幅降低污泥量，并且节省用水量。

5.3.6 少氨或无氨脱灰技术

脱灰的目的是使灰皮适合后续软化工序的操作。传统的脱灰方法是采用硫酸铵或氯化铵脱灰，这两种铵盐可与石灰反应并形成具有缓冲作用的体系，是理想的脱灰材料。但是，脱灰废液中会含有大量的铵盐，在车间可产生氨气，影响操作环境，同时氨氮使综合废水的生化处理难度增加，污水处理成本明显增高。

少氨或无氨脱灰技术是指使用乳酸镁或有机酸如乳酸、甲酸、醋酸，以及有机酯等，代替铵盐用于脱灰工序。乳酸镁的脱灰机制是乳酸镁与石灰反应生成可溶于冷水的乳酸钙和不溶于水的氢氧化镁，降低裸皮的 pH，氢氧化镁在浸酸时可被去除。有机酸的脱灰机制是因为有机酸分子具有偶极或潜在偶极，能与胶原分子上多个基团发生作用，降低裸皮 pH 的同时，不会使裸皮明显膨胀，与石灰反应后的产物溶于水，易于去除。

少氨脱灰技术目前已十分成熟，按常规脱灰工艺条件，用少量铵盐（1%以下）与无氨脱灰剂共同进行脱灰。脱灰废液中的氨氮含量可降低 70%以上。且适用于各种类型皮革，处理时间短，pH 缓冲性好。成本比铵盐脱灰高，比无氨脱灰低。

目前已开发的无氨脱灰技术主要基于无氨脱灰剂的应用，可按常规脱灰工艺条件进行操作，与脱脂剂配合使用效果更佳。无氨脱灰剂的成分一般包括弱酸、弱酸盐、酸式盐、有机酸酯等。与含铵盐的脱灰剂相比，无氨脱灰剂具有缓冲性能好、无皮垢等优点，虽然成本较高，但可大幅降低废水氨氮的治理费用。无氨脱灰剂渗透性较好，因此可缩短脱灰时间，但无氨脱灰剂对于厚皮的脱灰渗透性较差，厚皮的脱灰时间相对较长。无氨脱灰技术可消除脱灰废液中的氨氮，但可能会增加脱灰废液的 COD_{Cr} 和 BOD_5 含量。

5.4 鞣制工段清洁生产技术

5.4.1 少盐或无盐浸酸技术

浸酸的目的是调节裸皮的pH，使之适合铬鞣。但是，当pH降至4.3以下时，裸皮会发生明显的酸膨胀。因此，常规浸酸工序中需要加入盐来降低皮内的渗透压以抑制膨胀。制革综合废水中约有20%的氯离子来自该工序。少盐或无盐浸酸技术主要采用非膨胀酸或酸性辅助性合成鞣剂替代或部分替代无机酸，在将裸皮降至铬鞣所需 pH 的同时，不会引起裸皮的膨胀，以此消除或降低盐的使用量。常用的非膨胀性酸有砜酸聚合物、萘磺酸、磺基苯二甲酸、羟基芳香酸等。在少盐浸酸工艺中，采用非膨胀酸代替部分无机酸，食盐用量为裸皮重的3%～5%。在无盐浸酸工艺中，采用砜酸聚合物直接浸酸，也可先用中性砜浸透裸皮后，再加酸酸化，可以避免盐的使用。

少盐或无盐浸酸后的裸皮粒面平滑细致，有利于对酸皮进行削匀和剖层，铬鞣时有利于铬的渗透和吸收。该技术将食盐用量从6%～8%降至0～5%，有效减小盐对环境的影响，但芳香磺酸可能会导致废酸液中COD_{Cr}增加。此外，该技术成本略高于常规浸酸工艺。

5.4.2 高吸收铬鞣技术

铬鞣法是目前制革工业中最成熟、产品质量最可靠、成本最低的鞣制方法。铬对生物体的蛋白质及有机物有较强的亲和力，因而对微生物有较强的毒性作用，使得制革废水难以被生化处理。为降低铬鞣法引起的铬污染，目前大部分制革企业采用高吸收铬鞣工艺来提高铬盐的利用率，减少铬的排放。采用下列方法可提高传统铬鞣工艺中铬的吸收率。

①优化工艺参数并尽量减少铬的投入量。

②优化工艺参数，如 pH、温度等。

③采用小液比工艺，可在保证铬浓度的同时，减少铬的投入量。

④延长处理时间以保证铬的充分渗透和反应。

⑤通过添加聚酰胺化合物、多元羧酸化合物、直链烷醇胺类等助剂，一方面改善铬配合物的性质，另一方面改变胶原蛋白与金属离子的结合模式，进而起到提高铬吸收的作用。

该技术无须引入新的工艺及设备，只通过优化物理化学参数，就可将鞣制工段的铬吸收率提高至 80%～95%，降低铬粉用量 30%～50%，减少含铬废水和污泥产生。该技术运行成本较高，但节约的铬粉成本可抵消部分运行费用。

此外，目前也有基于生物单宁使用的高吸收铬鞣技术。生物单宁是一种基于蛋白质的鞣剂，以上述去肉时产生的废物为原料，经过蛋白酶水解，进一步将肽分解成氨基酸。接着，用硼酸氢钠和硫酸二甲酯处理，再加入吡啶氯带铬酸盐处理得到醛，醛基是生物单宁对皮作用的主要官能团。通过研究生物单宁对裸皮的鞣制作用发现，在铬鞣时加入 2%的生物单宁可使铬的吸收率从 67%提高到 92%，同时 COD_{Cr} 可降低 58%。且与传统工艺相比，成革收缩温度、染色性能和力学性能都有所提高。

5.4.3 铬鞣废液直接循环利用技术

该技术是指在鞣制、复鞣工序结束后，将废铬液单独全部收集，滤去肉渣等粗大的固体，调节后回用于浸酸鞣制或者复鞣工序的技术。目前，高吸收铬鞣废水的循环途径主要有铬鞣废液回用于浸酸工序和铬鞣废液回用于鞣制工序两种。该工艺存在以下几个技术关键：建立封闭式的铬液循环体系，其他废水不得混入；要有完善的过滤体系；严格控制工艺条件；控制中性盐的含量，提高鞣液的蒙囿功能等。为了保证制革及皮毛鞣制质量，鞣制废液循环一定次数后必须排放。废铬液循环设备装置如图 5-7 所示。

图 5-7 废铬液循环设备装置

该技术简便、灵活，适用于各类皮革，可节约30%以上的铬粉用量。但可能会造成皮革品质降低，如蓝湿革的颜色可能会变深，影响后续的染色效果等。此外，杂质（蛋白、油脂）、表面活性剂和其他化学品会在循环中累积，因此，回用次数有限。该技术铬鞣废液回用于复鞣后，仍需排放含铬废水，未经处理的废水无法达到《制革及毛皮加工工业水污染物排放标准》（GB 30486—2013）中总铬＜1.5 mg/L的要求，含铬废水仍需进行单独处理。

5.4.4 铬鞣废液全循环利用技术

铬鞣废液全循环利用技术除通过过滤去除铬鞣废液中的固形物杂质外，还使用水解、氧化和还原等化学方法除去与铬盐牢固结合的有机小分子，回收得到纯度比较高、并且具有良好鞣制性能的铬鞣剂。将回收的铬鞣剂回用于制革生产的鞣制工序中，既可以消除铬鞣废液对环境的污染，又可以变废为宝，增加企业的效益。除铬鞣废液外，如果铬复鞣废液能实现分流单独收集，也可以采用该技术。

该技术的技术路线如图 5-8 所示。具体操作步骤为：①再生铬鞣剂的制备：铬泥的氧化。在温度为 60℃条件下，加入以铬泥重量计 10%～15%的氢氧化钠，边搅拌边滴加 50%～60%的双氧水，反应时间为 1～2 h，约 70%的三价铬被氧化为六价铬，后加入 15%～20%硫酸；②铬泥的还原。另取约 3 倍的铬泥，在微沸的条件下，逐渐加入被氧化的铬泥中，反应时间为 2～3 h，检测没有六价铬时，过滤。③铬鞣剂的回用。将制备的铬鞣剂回用于制革鞣制或复鞣工序。④上清液的回用。将处理后的上清液回用于浸酸工序。

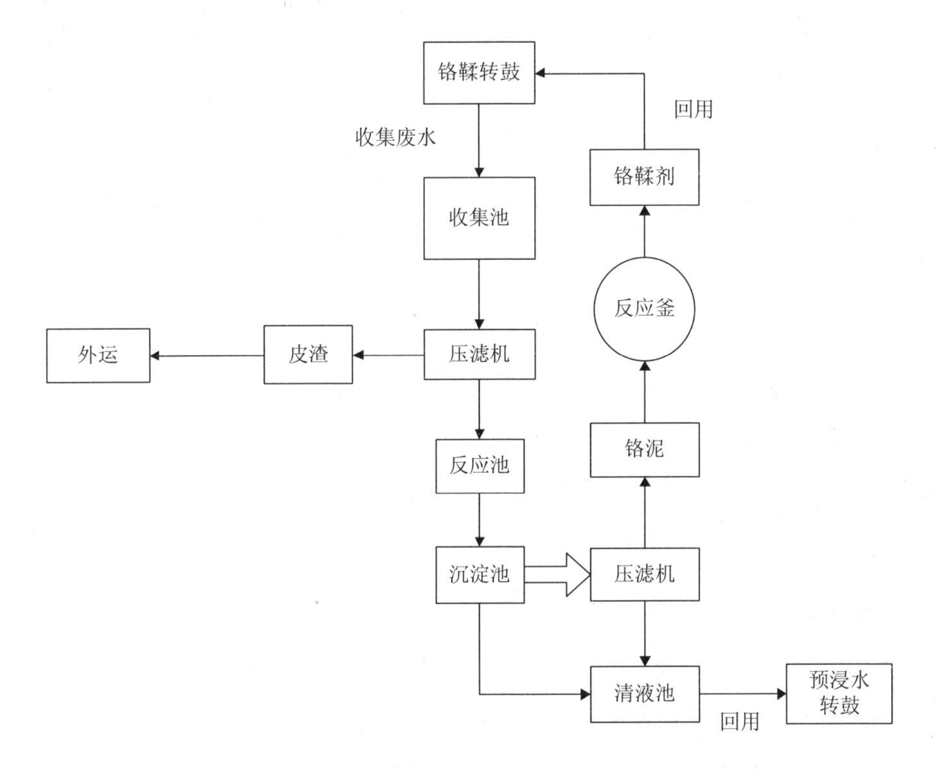

图 5-8　铬鞣废液全循环利用技术路线

该技术铬的回用率达到 95%以上。再生铬鞣剂与未经再生处理直接回用的铬鞣剂相比，具有收缩温度高（即鞣性强）、制成蓝湿革外观浅淡等优点。

5.4.5　白湿皮预鞣技术

白湿皮预鞣技术是指在铬鞣前先用铝、钛、硅、醛或合成鞣剂等非铬鞣剂进行预鞣，使皮纤维初步定型并适当提高收缩温度，然后剖层削匀后再使用铬鞣剂进行鞣制的技术。该技术可提高后续铬鞣工序中铬的吸收率，且剖层削匀精度较高。

白湿皮预鞣可采用铝盐预鞣，或铝盐与聚丙烯酸酯、戊二醛衍生物、钛盐、硅类化合物的结合预鞣。部分预鞣剂用量为三氧化二铝 1.25%，戊二醛 1.0%～1.5%，二氧化钛 0.75%。其他工序操作和要求与常规方法相同。采用白湿皮工艺生产蓝湿革时，需要白湿皮满足以下条件：①有一定的防霉性；②有足够的热稳定性；③易于分类、挑选、回软，并易于进行鞣制和后续复鞣染色工序加工；④生产白湿皮所用的化学品应对环境污染小，质量稳定。

铝盐预鞣的白湿皮短时期内保存性好，易削匀，但易使成革扁薄、板硬，铝鞣革不耐水洗，易退鞣。铝盐预鞣的白湿皮在铬鞣前可通过水洗或者柠檬酸钠洗涤脱去铝盐再进行铬鞣。

醛类鞣剂预鞣时其用量对皮革性能影响较大，用量较少时，鞣剂在皮内结合不均匀，用量较大时会影响铬鞣革的风格。建议采用蒙囿性戊二醛或多聚醛预鞣。

使用硅酸钠鞣剂预鞣后革身柔软，丰满，染色性能和机械性能良好。经硅酸钠鞣剂鞣后皮革的革屑对环境无污染，可生物降解。

采用白湿皮预鞣技术，可将鞣制工序的铬粉用量从灰皮重的 8%降至 5%，可降低废水和污泥的处理费用。剖层、削匀、修边等操作产生的固体废物不含铬，易于回收利用。但该技术增加了额外的处理工序和额外的化学品使用，处理时间较长，且后续的鞣制、染色、干燥、剖层等工艺必须做相应调整，因此，可能导致生产成本的增加。

5.4.6 无铬鞣技术

无铬鞣技术的关键是选择适当的无铬鞣剂代替铬鞣剂进行鞣制，在完全消除铬污染的同时，满足后续操作和成革性能的要求。常用无铬鞣剂包括植物鞣剂、非铬金属鞣剂、有机鞣剂（醛鞣剂、聚氨基甲酰磺酸盐）等。

（1）非铬金属鞣剂鞣制技术

非铬金属鞣剂鞣制技术是指使用铝、锆、钛或多金属配合鞣剂等非铬金属鞣剂代替铬鞣剂进行鞣制。但由于鞣制能力、工艺操作等缺陷，单独使用非铬金属鞣剂无法获得铬鞣革的品质，且鞣革成本较高。需要通过配套助剂的开发及平衡鞣制前后工艺等，以提高皮革收缩温度、改善皮革感官性能。

（2）植物鞣剂—无铬鞣剂结合鞣制技术

该技术是指采用植物鞣剂（栲胶）与少量其他鞣剂进行结合鞣制，如植物鞣剂—无铬金属鞣剂结合、植物鞣剂—有机鞣剂结合鞣制等。

完全的植鞣工艺在产品性能方面很难达到铬鞣皮革的品质，植物鞣制可以在脱灰后直接进行，或浸酸、预鞣（通常使用替代的合成鞣剂或者多聚磷酸盐）后进行，但鞣制前皮的 pH 应调节到适宜值（4.5～5.5）。

（3）有机鞣剂鞣制技术

有机鞣剂鞣制技术在羊皮革中工程化应用较多。醛类鞣剂是有机鞣剂的主要类别之一，目前应用较多的有改性戊二醛、噁唑烷、有机膦等。但它们在应用中普遍存在两个方面的问题，一是鞣制的坯革负电性强，对后续阴离子染整材料的吸收利用率低，且最终成革质量与铬鞣革有一定的差距；二是鞣后成革的游离甲醛含量可能超标，不符合我国及欧盟对于皮革中甲醛的限量要求。因此，鞣制性能优良的环保型无铬鞣剂的开发已成为国内外研究者致力攻克的难题，也是制革工业关键共性清洁生产技术的重要发展方向。目前多聚醛类鞣剂也有一定的应用，鞣后皮革无游离甲醛，且成革质量有所提高，但收缩温度较低。

现有无铬鞣技术可以满足部分皮革的生产要求，但未达到通用性、多样性的程度。未来无铬鞣技术的适用性及经济性仍取决于新研发的无铬鞣剂。无铬鞣技术的生产成本可能会高于铬鞣，但其能够彻底消除制革工业的铬排放问题，为制革企业面对环保压力和绿色壁垒提供有效对策，是制革工业可持续发展的必由之路。

5.4.7 逆转铬鞣技术

逆转铬鞣技术是通过制革单元过程的重组与耦合优化，建立以“准备单元—无铬预鞣与电荷调控单元—染整单元—末端铬鞣单元”为主线的逆转铬鞣工艺技术。技术关键点包括预鞣革达到一定热稳定性和机械性能、染整化学品及工艺与预鞣相匹配、末端铬鞣与前期过程的耦合优化。

该技术实施后，铬只集中于末端铬鞣单元操作废水中，能够全部回收利用，车间出口废水铬含量可低于 1.5 mg/L。因此，废水和污泥中铬的处理变得简单易行，相应处理费用也会降低，且整个过程不产生含铬固废。但整个工艺体系需要做出较大调整，且需增加额外的处理工序和额外的化学品投入，导致生产成本增加。

5.5 整饰工段清洁生产技术

5.5.1 复鞣及填充清洁生产技术

复鞣工序废液无机盐主要来源于合成单宁类复鞣剂，因为此类复鞣剂在合成的过程中，会使用过量的硫酸与芳香族化合物反应，形成磺酸基，继而中和而产生中性盐。因此，复鞣工序的清洁生产技术主要通过控制磺化过程所用酸量加以解决。废液中的化学需氧量是由有机物造成的，因此改进单宁的组分和结构显得至关重要。目前，复鞣工序的清洁生产技术主要包括使用低游离甲醛复鞣剂、聚合物复鞣剂、氨基树脂复鞣剂等。此外，也包括基于植物鞣剂的无铬复鞣和基于植物鞣剂、多金属配合鞣剂与合成鞣剂结合的无铬复鞣工艺等。

填充清洁生产技术包括使用天然大分子填充材料，如黏土填充、淀粉填充及蛋白填充材料的使用等，包括蛋白填料、蛋白复鞣剂等。李曼尼等使用含铬废皮屑经酸水解的胶原蛋白与丙烯腈、丙烯酸甲酯和丙烯酰胺等单体接枝共聚制备 L 系列蛋白树脂复合型复鞣填充剂。实验测试和使用结果表明，该产品对皮革的复鞣填充性能良好，优于国产 ART Ⅱ型丙烯酸树脂复鞣剂。该工艺和设备简单，产品价格低廉，有较好的经济效益。采用该工艺，对充分利用天然蛋白资源、消除 Cr^{3+}环境污染，以及促进制革业清洁生产都具有重要意义。

5.5.2 高吸收染色技术

皮革染色是一个复杂的物理、化学过程，是染料分子对革纤维的渗透和结合过程，是物理和化学作用的总效应。在整个染色过程中，吸附、扩散、渗透和固着是相互影响、相互交替、相互作用的。能用于皮革染色的染料多达上千种，最常用的是水溶性染料，可分为阴离子、阳离子和两性染料。除禁用染料替代外，当前高吸收染色技术包括超声波技术、电化学染色法、通过式染色、无水染色技术、纳米技术与纳米材料应用、超临界 CO_2流体技术、微胶囊技术及稀土在皮革染色中的应用等。

5.5.3 清洁加脂技术

皮革加脂可赋予成革良好的柔软性，并能改善丰满性、弹性等感观性能和物理机械性能。由于加脂剂不能被皮革纤维完全吸收，残余的存留于废液中随废液排出，导致废水中的化学需氧量增加。因此，皮革加脂过程中面临的关键问题是加脂材料的吸收及其与皮革纤维的结合问题，以及残余加脂剂的生物降解问题。因此，清洁加脂技术主要包括可生物降解性皮革加脂剂、实施分步加脂或利用超声波乳化加脂技术等。

5.5.4 辊涂技术

皮革用辊涂技术是 20 世纪 60 年代末由在纺织行业中使用的辊涂系统和辊涂机借鉴而来。但直到配有反向涂饰系统且价格较低的辊涂机出现，制革工业才广泛采用辊涂工艺。辊涂技术以转辊为载体，使涂饰材料在转辊表面形成一定厚度的湿膜，借助转辊的转动将涂饰材料均匀地涂敷在被涂物的表面。由于辊涂机具有一定的挤压作用，可以增加涂饰层与革坯的接着性。此外，浆料中含水量较低，可以防止浆料过多透入皮内，保持成革的柔软性。辊涂机设备如图 5-9 所示。

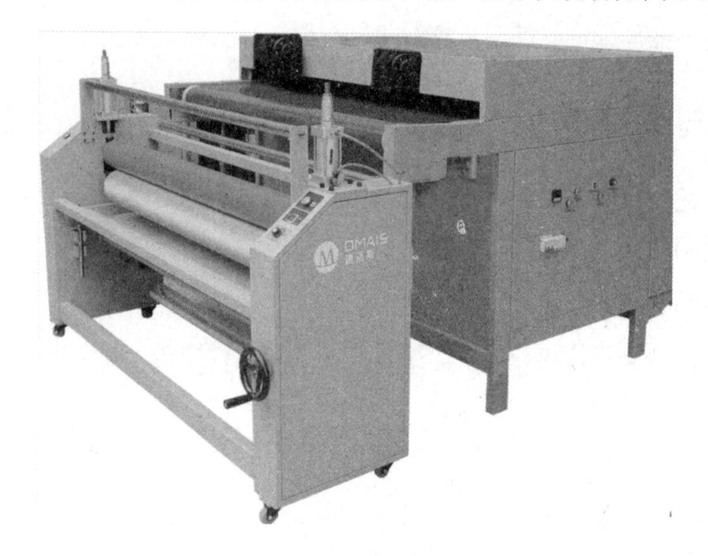

图 5-9 皮革辊涂机设备

辊涂机所用的涂饰液容易配制，操作简单，能精准地控制涂布量，上浆过程保持质量效果稳定。与喷浆机相比，该技术可节省涂饰材料用量 30%～50%，减排 VOCs 30%以上。

5.5.5 高流量、低气压（HVLP）喷涂技术

在环境压力和成本压力的双重挤压下，随着 HVLP 喷涂技术的不断发展和进步，越来越多的制革企业，特别是大、中型企业，开始逐渐接受并采用 HVLP 喷涂，并取得了显著的效果。传统的高压喷涂会造成涂料反弹被除尘抽走，造成浪费。如果降低气压，会造成流量下降、喷涂颗粒粗糙。HVLP 喷涂技术解决了这一问题，在维持喷涂压力 0.3～1.0 kg 的范围，通过增加气体流量来补充低压条件下流量不足引发的喷涂颗粒粗糙问题。技术主体设备如图 5-10 和图 5-11 所示。

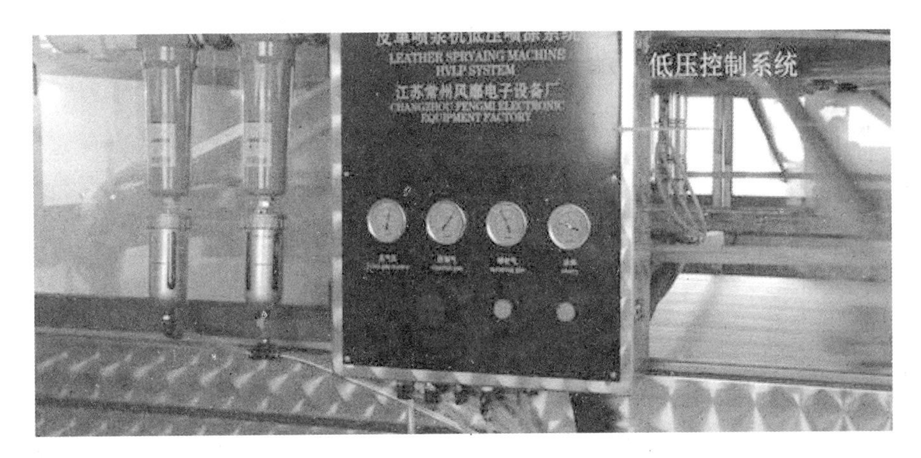

图 5-10 高流量、低气压（HVLP）喷涂系统的低压控制系统

图 5-11 高流量、低气压（HVLP）喷涂系统的低压大流量浆轴

与传统喷涂系统相比，该系统显著降低了喷涂时反弹起来的烟雾，喷枪涂料的传递效率达 65%以上。与传统高压喷涂技术相比，该技术可节省涂饰材料 30%以上，减排 VOCs 30%以上。

6 制革工业废水处理技术

6.1 含硫废水预处理技术

6.1.1 化学絮凝法

化学絮凝法是指向脱毛液中加入可溶性化学药剂，使其与废水中的 S^{2-}发生化学反应，并形成难溶解的固体生成物，进行固液分离而除去废水中的 S^{2-}。处理硫化物常用的沉淀剂有亚铁盐、铁盐等。脱毛废液经格栅过滤掉毛和灰渣后，调节 pH 为 8～9，再加入沉淀剂，絮凝反应终点控制 pH 在 7 左右。沉淀剂的投加量按废水中硫化物的量计算，一般为污水量的 0.2%，可加入铝盐作为助凝剂。

化学絮凝法的硫化物去除率在 95%以上，硫化物可达标排放。处理后废水合并入综合废水进行后续处理。该技术操作简单、处理彻底，但会产生大量黑色污泥，易造成二次污染。

6.1.2 催化氧化法

催化氧化法是指借助空气中的氧，在碱性条件下将 S^{2-}氧化成无毒的存在方式：硫酸根、硫代硫酸根或单质硫。为提高氧化效果，在实际操作中大多添加锰盐作为催化剂。脱毛废液经格栅过滤掉毛和灰渣后，输入反应器，加入催化剂，开启循环水泵，通过曝气装置强制循环。催化剂用量根据废水中硫化物的含量而定，一般来说，硫酸锰用量为硫化物量的 5%。可采用鼓风曝气或机械曝气，曝气时间为 3.5～8 h。废液 pH 应控制在碱性范围。

催化氧化法的硫化物去除率在 80%以上。处理后的废水合并入综合废水进行后续处理。该技术成熟度高，投资费用低，处理后污泥量小。

6.2 脱脂废水预处理技术

6.2.1 浮选法

浮选法是指将油脂废水通过底部装有沉式堰的收集池，并在池底通入压缩空气，通过上浮气泡使油脂浮至水体表面实现水油分离，再以人工或机械方法清除油脂的方法。如果油珠粒径过小，可辅以气浮法。收集的脂肪和油脂聚集物，可通过加入硫酸调节 pH，并结合蒸汽混凝，转化为粗脂肪。

浮选法操作简单，效果较好。可去除脱脂废水中的脂肪、油脂和动物脂，油脂和 COD_{Cr} 去除率在 85%左右，总氮去除率在 15%以上。处理后废水需合并入综合废水进行后续处理。

6.2.2 酸提取法

酸提取法是指将含油脂的废水在酸性条件下破乳，使油水分离、分层，将分离后的油脂层回收，经加碱皂化后再经酸化水洗，后回收得到混合脂肪酸的方法，目前被制革厂广泛接受使用。具体操作时，先加入 H_2SO_4 将 pH 调节至 3～4 进行破乳，再通入蒸汽加盐搅拌，并在 40～60℃环境中静置 2～3 h，使油脂逐渐上浮形成油脂层。将油脂层移入高压釜中，在压力下加热使其变稀薄，经压滤机过滤后，送入第二高压釜中进行酸液精炼。据计算，每提取 1 t 油脂，需要用质量分数 66%的硫酸 1～2.5 t。

该技术回收油脂可达 95%以上，COD_{Cr} 去除率在 90%以上，回收后的油脂经深度加工转化为混合脂肪酸可用于制皂。处理后的废水需合并入综合废水进行后续处理。

6.3 含铬废水预处理技术

6.3.1 碱沉淀处理技术

碱沉淀处理技术包括格栅、贮存、反应、沉淀、压滤等工序。废铬液中铬的主要存在形式是碱式硫酸铬，pH 为 4 左右。可将铬鞣废水单独收集，通过加入碱的方法产生氢氧化铬沉淀，控制终点 pH 为 8.0～8.5，将沉淀分离出来的铬泥压滤成铬饼，循环利用或单独存放，具体工艺流程如图 6-1 所示。循环利用时，将铬泥加硫酸酸化，重新变成碱式硫酸铬。

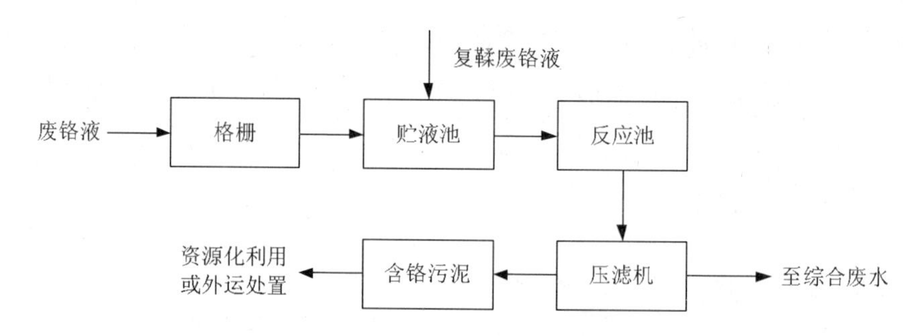

图 6-1 碱沉淀处理技术工艺流程

该技术工艺成熟且操作简便，是目前制革工业中应用最广泛的含铬废水预处理技术。铬回收率可达 99%以上，沉淀后上清液中的总铬含量小于 1 mg/L，合并进入综合废水进行后续处理。但回收的铬盐大部分是铬盐和蛋白的络合物，鞣性较低，循环使用时会对成革品质产生一定影响。

6.3.2 其他技术

除碱沉淀外，吸附法、生物法、纳米技术等新技术方法也可实现含铬废水预处理。这些处理技术环保，不易产生二次污染，但由于投料大、周期长、原料贵等，实际应用受到限制。

（1）离子交换法

离子交换法采用合适的离子树脂与含铬废水进行反应，铬离子与树脂的功能基团形成较强的离子亲和力，推动两者发生离子交换，废水中的铬被交换并结合到交换树脂上，从而实现对废水中铬的分离。该方法的优点是去除效率高，回收液可再次用于制革工艺，降低生产成本，但其也存在树脂使用寿命短、操作相对复杂、处理成本高等缺点。

（2）吸附法

吸附法是利用材料的多孔性吸附分离水中污染物的处理方法。常用的吸附材料包括活性炭、沸石、粉煤灰、木屑等。吸附法具有操作简单和处理成本低的优点，但是也存在一些缺点，如吸附剂再生困难、仅适用于低浓度废水的处理、容易造成二次污染等。

（3）生物法

生物法是对于经过一系列生物化学作用使重金属离子被微生物细胞吸附的概括，这些作用包括离子交换、螯合、络合、吸附等。生物法可分为生物絮凝法和生物吸附法。生物絮凝法是利用微生物或微生物产生的代谢物，进行絮凝沉淀的一种除污方法。严忠纯等从秸秆中通过微生物发酵提取的生物絮凝剂去除模拟铬鞣废水，取得了很好的去除效果，在 40 min 内实现达标排放（＜1.5 mg/L）。生物吸附法是利用某些生物体本身的化学结构及成分特性来吸附溶于水中的金属离子。牟俊华等选用从二次沉淀池中分离获得的耐铬细菌，进行吸附三价铬的研究。结果表明，在最佳条件下，反应 3 d 后的去除率可达 29.1%。综上所述，生物法具有处理能力大、能耗低、无二次污染等优点。但该方法处理重金属废水也存在着一些弊端，如功能菌繁殖速度和反应速率慢、处理水难以回用等。

（4）电化学法

电化学法是指在直流电场的作用下，废水中正价铬离子向阴极迁移，并在阴极得电子还原成低价态铬或铬单质，吸附到电极表面或沉淀到反应装置底部，从而实现对铬的回收。该方法应用范围广、操作简单、无须二次添加化学试剂、清洁环保，但处理高污染、复杂成分废水时，电极容易发生钝化，增加额外能耗，处理成本随之升高。另外，电催化降解机理相对复杂，在制革废水中的应用仍停留在试验阶段，相关研究有待进一步论证。

6.4 制革综合废水物化处理技术

6.4.1 机械（物理）处理

机械（物理）处理是所有未处理制革废水的首步处理单元，主要是指通过筛滤等作用去除大颗粒悬浮物，如皮屑、毛发、肉渣等，从而保证废水处理后工序能够稳定、正常运转。设备包括格栅和筛网等，需要经常清理才能发挥作用，或采用自动清理装置。机械处理还可能包括脂肪的撇除，以及油脂的重力沉降（沉淀）等。

该技术的总悬浮物去除率为 30%～40%，分离出的固体需要进一步处理。此外，还可实现 30%的 COD_{Cr} 去除率，节省后续处理中絮凝化学品的用量，降低污泥产生量。

6.4.2 混凝—沉淀法

混凝—沉淀法是指通过向水中投加混凝剂及助凝剂，使制革综合废水中难以沉淀的悬浮物能互相聚合而形成胶体，然后与水体中的杂质结合形成更大的絮凝体，体积增大而下沉，工艺流程如图 6-2 所示。混凝—沉淀池若在二次沉淀池前，主要设计参数为沉淀时间 2.0～3.0 h，表面负荷 1.0～1.6 $m^3/(m^2 \cdot h)$，污泥含水率

96%～98%；混凝沉淀池若在二次沉淀池后，主要设计参数为沉淀时间 2.5～4.0 h，表面负荷 0.8～1.6 m^3/（m^2·h），污泥含水率 98.0%～99.5%。

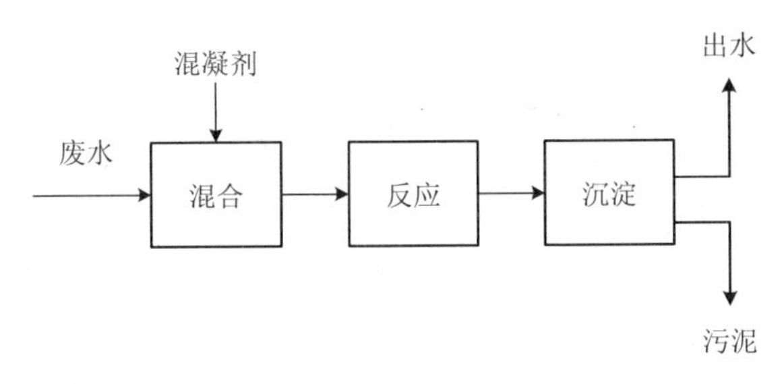

图 6-2 混凝—沉淀法工艺流程

该技术适用于含油脂较少的废水处理。混凝—沉淀法处理废水可使悬浮物去除率为 70%～90%，COD_{Cr} 去除率为 50%～70%，BOD_5 去除率为 35%～45%。

6.4.3 内电解法

内电解法又称微电解法，通常是以颗粒料炭、煤矿渣或其他导电惰性物质为阴极，铁屑为阳极，废水中导电电解质起导电作用构成原电池结构。在酸性条件下发生的电化学反应所产生的新生态可使部分有机物断链，有机官能团发生变化。同时产生的 Fe^{2+} 又是很好的絮凝剂，通过微电解产生的不溶物被其吸附凝聚，从而达到去除污染物的目的。

该技术占地面积小，投资小，运行费用低，采用工业废铁屑，以废治废，不消耗能源。适合中小型制革厂废水预处理，COD_{Cr}、BOD_5、总悬浮物去除率可达 70%以上，同时提高难降解物的可生化性，有利于后续生化处理，但处理过程的污泥产出量较大。

6.4.4 混凝—气浮法

混凝—气浮法分为加药反应和气浮两个部分。制革废水调节 pH 后，通过添加硫酸铝、硫酸亚铁、高分子絮凝剂等混凝剂和絮凝剂，可形成较大的絮凝体，再通入气浮分离设备，使其与大量密集的细气泡相互黏附，形成比重小于水的絮凝体，依靠浮力上浮到水面，从而完成固液分离，工艺系统流程如图 6-3 所示。混凝剂剂量和条件需通过现场的优化实验确定。目前，压力溶气气浮法应用最广，先将空气加压使其溶于废水形成空气过饱和溶液，然后减至常压，释放出微小气泡，并将悬浮固体携带至表面。适用于含油脂较多的废水处理，也可在混凝—沉淀后接气浮处理以彻底去除悬浮物，从而降低生化负荷。

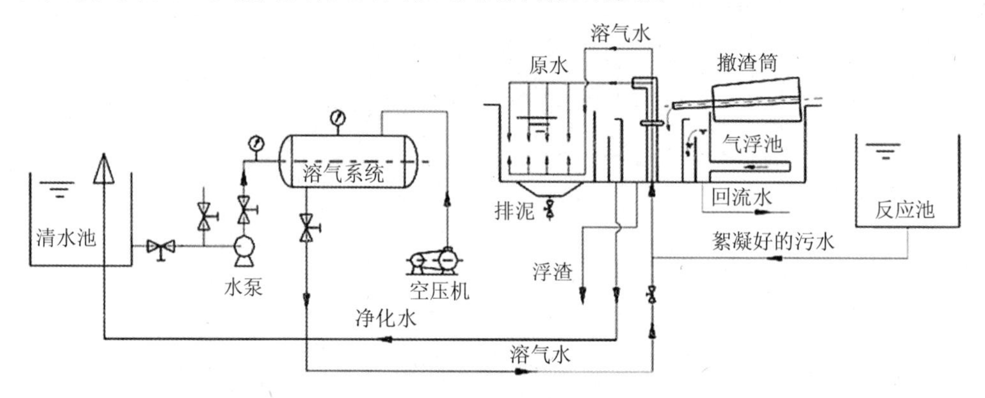

图 6-3 混凝—气浮工艺系统流程

该技术设备简单、管理方便，适合间歇操作。悬浮物去除率为 80%～90%，COD_{Cr} 去除率为 40%～50%，BOD_5 去除率为 35%～45%，可大幅降低后续生化处理的负荷。

6.5 制革综合废水生化处理技术

6.5.1 升流式厌氧污泥床（UASB）

升流式厌氧污泥床（UASB）工艺主要包括预处理、UASB 反应器、后续处理、剩余污泥、沼气净化及利用系统（图 6-4），反应器主要由布水装置、三相分离器、出水收集装置、排泥装置及加热和保温装置组成（图 6-5）。在底部反应区内配置污泥层，废水从厌氧污泥床底部流入，与污泥层中的污泥进行混合接触，污泥中的微生物分解污水中的有机物，转化为沼气，沼气以微小气泡形式不断逸出，微小气泡在上升过程中不断合并，逐渐形成较大的气泡。在污泥床上部由于沼气的搅动，形成一个污泥浓度较稀薄的污泥，和水一起上升，进入三相分离器，沼气碰到分离器下部的反射板时，折向反射板的四周，然后穿过水层进入气室，集中在气室的沼气用导管导出，固液混合液经过反射，进入三相分离器的沉淀区，污水中的污泥发生絮凝，并在重力作用下沉降。沉淀至斜壁上的污泥，由斜壁滑回厌氧反应区内，使反应区内积累大量的污泥，与污泥分离后的出水从沉淀区溢流堰上部溢出，然后排出污泥床。进水 COD_{Cr} 负荷一般为 6～15 kg/（m^3·d），当为颗粒污泥时，允许上升流速为 0.25～0.30 m/h（日均流量），当为絮状污泥时，允许上升流速为 0.75～1.0 m/h（日均流量）。

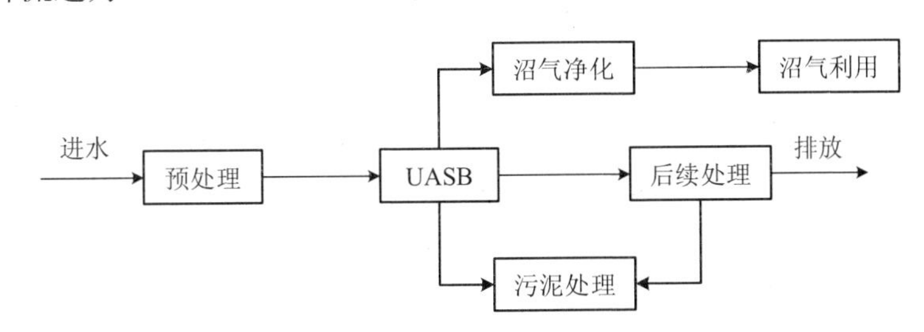

图 6-4 UASB 反应工艺流程

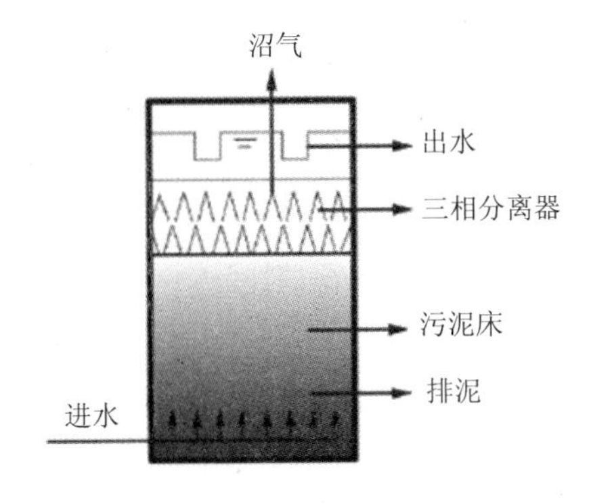

图 6-5 UASB 反应器结构示意

该技术用于制革企业综合废水处理时，可以降低后续好氧生物处理的污染负荷，减少运行成本和污泥产生量，但后续需进一步配合使用好氧处理技术，以实现稳定达标排放。单独使用UASB工艺处理后，制革综合废水的COD_{Cr}去除率为80%～90%，BOD_5去除率为70%～80%，悬浮物去除率为30%～50%；进一步结合好氧生化处理工艺使用，可以实现COD_{Cr}去除率大于95%，BOD_5去除率大于98%，悬浮物去除率大于90%，氨氮和总氮去除率大于80%。使用该技术时需注意，废水中的硫化物和中性盐在浓度较高时会影响污泥的活性。此外，由于UASB反应器在去除废水有机物过程中可产生大量沼气，需要配备相应的沼气回收及再利用装置和设备。

6.5.2 水解酸化工艺

水解酸化反应是指将厌氧生物反应控制在水解和酸化阶段，利用厌氧或兼性菌在水解和酸化阶段的作用，将污水中悬浮性有机固体和难生物降解的大分子物质（包括碳水化合物、脂肪和脂类等）水解成溶解性有机物和易生物降解的小分子物质，小分子有机物再在酸化菌作用下转化为挥发性脂肪酸的污水处理工艺。工艺流程及反应器结构如图6-6和图6-7所示。水解酸化工艺是完全厌氧生物处理的一部分，水解酸化过程的结束点通常控制在厌氧过程第一阶段末或第二阶段的开始，因此水解酸化是一种不彻底的有机物厌氧转化过程，其作用在于使结构复杂的高分子有机物经过水解和产酸，转化为简单的低分子有机物。水解酸化反应器进水水质应符合下列条件：pH 宜为5.0～9.0；COD_{Cr}∶N∶P 宜为（100～500）∶5∶1；水力停留时间（HRT）宜选取6～12 h；若污水可生化性较好，COD_{Cr}浓度宜低于1 500 mg/L，若污水生化性较差时，COD_{Cr}浓度可适当放宽。

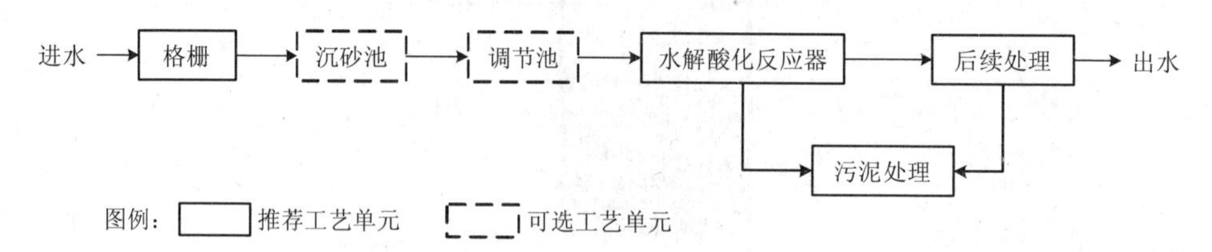

图6-6 水解酸化反应处理工艺流程

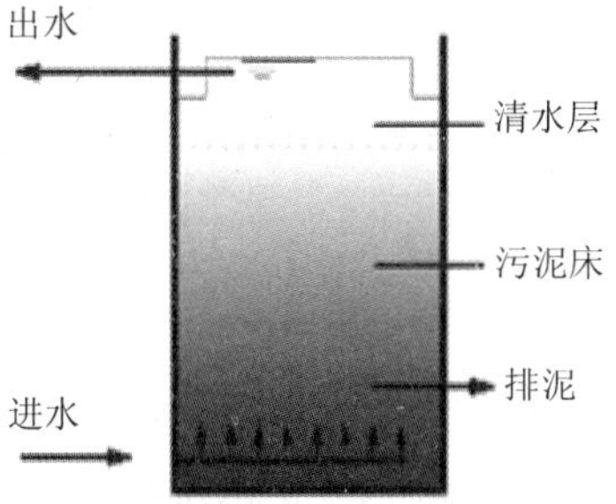

图 6-7　水解酸化反应器（升流式）结构示意

水解酸化工艺具有停留时间短、占地面积小、工程投资少等特点，运行费用较低。该工艺可大幅去除废水中的悬浮物或有机物，使后续好氧处理工艺的污泥量有效降低。此外，还可以对进水负荷的变化起缓冲作用，从而为后续好氧处理创造较为稳定的进水条件，同时提高废水的可生化性，提高好氧处理的能力。该工艺后续需进一步配合使用好氧生化处理技术，以实现稳定达标排放。单独使用时，COD_{Cr}、BOD_5和总悬浮物去除率分别为 10%～30%、10%～20%和 30%～50%。与 A/O 或 SBR 等好氧生化处理工艺结合使用，COD_{Cr}去除率可达 90%以上，出口氨氮可达 15 mg/L 以下。

6.5.3　氧化沟工艺

制革废水水量、水质冲击负荷大，而且废水中含有高浓度 Cl^-和 SO_4^{2-}以及少量铬和硫化物等毒性物质。所以制革废水的生物处理工艺必须同时具备耐冲击负荷，又能抵抗高盐引起的高渗透压对微生物的抑制作用，必须在长时间内降解难降解的有机物。常规活性污泥法不适应废水的这些特性，处理效率达不到设计要求，需要选择一种低负荷、长周期的生物处理工艺。

氧化沟工艺是活性污泥法的一种改型，主要包括氧化沟池体、曝气设备和沉淀池等设备，其曝气设备呈封闭的沟渠型，污水和活性污泥的混合液在其中进行不断的循环流动，如图 6-8 所示。氧化沟对于制革工业废水中的氯化物和硫酸盐有较好的适应性，水力停留时间长，抗冲击负荷能力强，难降解有机物能够充分降解，处理效果好，是制革工业废水处理中较成熟的好氧生物处理工艺，在我国早期制革工业中有大量实践应用。目前多采用改良型氧化沟工艺，即在原有氧化沟工艺基础上通过预设水解酸化段、底部曝气结合水下推流器，达到生化处理的目标。氧化沟内污泥在遇到突发故障时其污泥活性易于恢复，可通过曝气机运行数量、运行时间、转速和方向等条件控制沟内溶解氧，操作灵活。

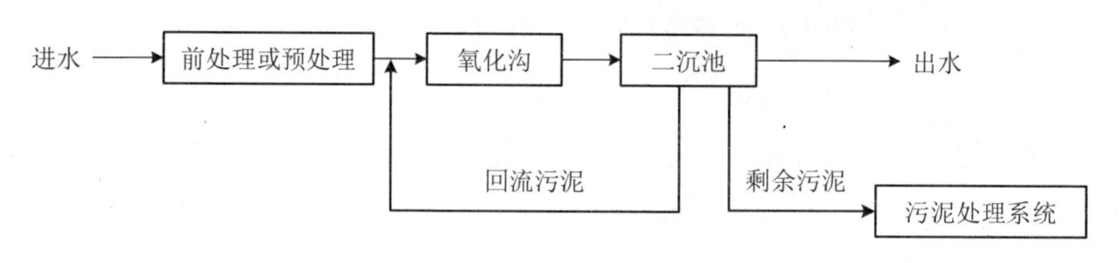

图 6-8 氧化沟工艺流程

氧化沟工艺处理制革废水的参考工艺参数：BOD_5污泥负荷为 0.15～0.2 kg/（kg·d）（BOD_5/MLSS），总氮负荷一般小于 0.05 kg/（kg·d）（TN/MLSS），总磷负荷一般为 0.003～0.006 kg/（kg·d）（TP/MLSS），污泥浓度一般为 2 000～4 000 mg/L，水力停留时间为 6～8 h，其中厌氧：缺氧：好氧=1：1：（3～4），而污泥回流比一般介于 25%～100%，污泥龄一般为 15～20 d。对于溶解氧浓度，好氧段为 2 mg/L 左右，缺氧段一般＜0.5 mg/L，厌氧段一般不超过 0.2 mg/L。

氧化沟工艺处理制革废水具有以下特点：对氧化沟内水温要求不高，即使水温降至 5℃，也能保持 BOD_5的去除率。由于制革废水氨氮含量高，有机负荷低，因此在处理过程中易发生硝化反应，未硝化的氮化合物会使处理废水 COD_{Cr}偏高；氧化沟内溶解氧沿水流方向存在浓度梯度，因此可脱去废水中部分氮；活性污泥在二沉池中沉降速度较慢，但絮凝性良好，处理后的水透明度好，仅略带黄色。

该工艺运行管理方便，处理效果稳定，出水水质好，COD_{Cr}去除率大于 87%，BOD_5去除率大于 95%，总悬浮物去除率大于 95%，S^{2-}去除率大于 99%，氨氮去除率大于 60%。废水处理产生污泥需按危险废物集中处理。废水处理过程中会产生硫化氢、氨等恶臭气体，可通过加装密闭罩、设置安全距离等措施减少对人群的影响。

6.5.4 序批式活性污泥法（SBR）

序批式活性污泥法也称间歇式活性污泥法，是一种间歇运行的废水处理工艺，并且拥有均化、初沉、生物降解、中沉等多种功能，无污泥回流系统，工艺流程如图 6-9 所示。SBR 工艺运行时，废水分批进入池中，在活性污泥的作用下得到降解净化。沉降后，净化水排出池外。根据 SBR 工艺的运行功能，可把整个运行过程分为进水期、反应期、沉降期、排水期和闲置期，各个运行期在时间上是按序排列的，称一个运行周期。SBR 工艺集曝气反应和沉淀泥水分离于一体，在生物降解有机物机制方面与普通活性污泥法一样，具有自己独特的优势。

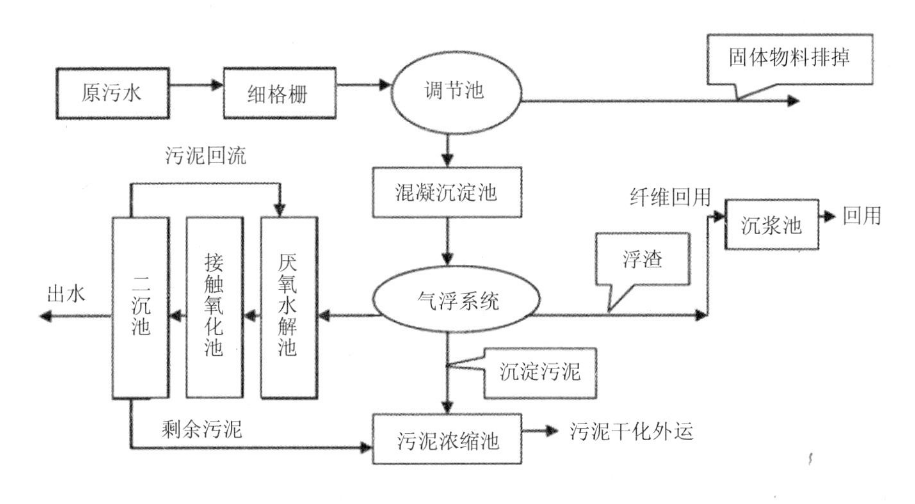

图 6-9 SBR 工艺流程

SBR 工艺处理制革废水的参考工艺参数：当 SBR 进行高负荷运行时，间歇进水，BOD_5 污泥负荷为 0.1～0.4 kg/（kg·d）（BOD_5/MLSS），需氧量为 0.5～1.5 kg/kg（O_2/BOD_5），污泥产量约为 1 kg/kg（MLSS/SS）。而当其进行低负荷运行时，其间歇进水或者连续进水，BOD_5 污泥负荷为 0.02～0.10 kg/（kg·d）（BOD_5/MLSS），污泥浓度为 1 500～5 000 mg/L，需氧量为 1.5～2.5 kg/kg（O_2/BOD_5），污泥产量

为 0.75 kg/kg（MLSS/SS）左右。

SBR 工艺装置简单、占地少、易于实现自动控制。其在一个反应池内基本完成所有反应操作，在不同时间进行可实现有机物的氧化、硝化、脱氮、磷的吸收与释放等过程。该技术对水质变化适应性好，耐负荷冲击性强，反应推动力大，效率高，可有效防止污泥膨胀，通过调节处理时间实现达标排放。对于制革废水的处理效果良好，可实现悬浮物去除率 75%～90%、COD_{Cr} 去除率 80%～90%、BOD_5 去除率为 50%～95%、氨氮去除率 85%～95%、总氮去除率 55%～85%。该技术存在处理周期长等缺点，而且在进水流量较大时，技术投资会相应增加。

6.5.5 生物接触氧化

生物接触氧化技术利用生物接触氧化池内好氧型的微生物，以污染物作为营养物质，在新陈代谢过程中，将污染物分解消化，使污水得到净化，是一种介于活性污泥法与生物滤池两者之间的生物处理法，兼具两者的优点，生物接触氧化池的内部构造如图 6-10 所示。该技术对生化段污泥沉淀池要求低，可不设污泥回流系统，通过挂膜法使活性污泥通过负载富集微生物将污染物分解消化。该技术用于制革工业废水处理的参考工艺参数为容积负荷（COD_{Cr}）0.8～1.8 kg/（$m^3 \cdot d$），水力停留时间（HRT）16～36 h，pH 7～8，剩余碱度大于 70 mg/L（以 $CaCO_3$ 计）。

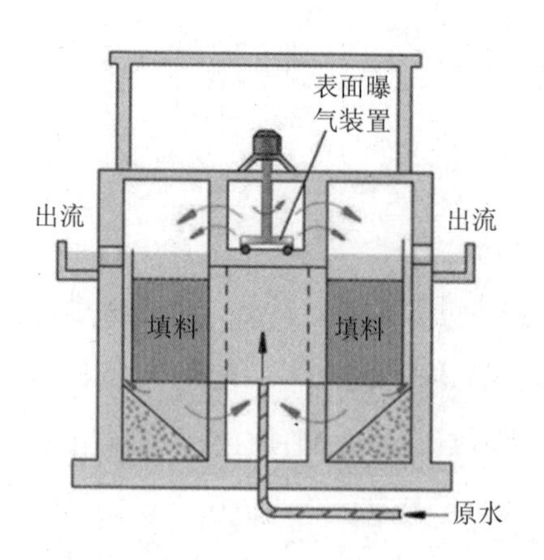

图 6-10 生物接触氧化池基本构造

该技术对制革企业废水的COD_{Cr}和氨氮去除效果好，废水中悬浮物去除率为70%～90%，COD_{Cr}去除率为80%～90%，BOD_5去除率为90%～98%，氨氮去除率为65%～95%，总氮去除率为40%～80%。

6.5.6 厌氧—好氧（A/O）工艺

厌氧—好氧（A/O）工艺是将厌氧过程与好氧过程结合起来的一种废水处理方法。A段为厌氧/兼氧性处理，O段则相当于传统活性污泥法，用来除去废水中的有机物。其特点是将反硝化反应器放置在系统之首，又称前置反硝化生物脱氮系统。其中缺氧段反硝化，好氧段完成BOD_5去除和硝化反应。在硝化反应器内，已进行充分反应的硝化液部分回流至反硝化反应器，而反硝化反应器的脱氮菌以原污水中的有机物为碳源，以回流液硝酸盐中的氧为受电体，将硝态氮还原为气态氮（N_2）。除有机污染物外，A/O工艺还可同时去除氨、氮和磷，是目前制革企业应用最为广泛的综合废水处理技术。

A/O工艺分为一级A/O工艺及多种改进A/O工艺。改进A/O工艺包括分段进水A/O接触氧化技术、二级A/O法和A^2/O工艺等。

（1）一级A/O工艺

用于制革工业废水处理的一级A/O参考工艺参数为有机负荷≤0.08 kg BOD_5/(kg MLSS·d)，内循环比200%左右，污泥回流比50%～100%。污泥浓度3 500～4 000 mg/L，污泥龄≥25 d。该技术的COD_{Cr}去除率＞93%，BOD_5去除率大于94%，SS去除率＞70%，氨氮去除率＞90%，总氮去除率＞70%。

（2）分段进水A/O接触氧化技术

分段进水A/O接触氧化工艺流程如图6-11所示。其基本原理是部分进水与回流污泥进入第1段缺氧区，而其余进水则分别进入各段缺氧区。这样就在反应器中形成一个浓度梯度，而且混合液悬浮固体浓度（MLSS）的质量浓度梯度的变化，随污泥停留时间污泥龄（SRT）的延长而增大。与传统的推流式A/O生物脱氮工艺相比，分段进水A/O工艺的SRT要长，因此分段进水系统在不增加反应池出流 MLSS 质量浓度的情况下，反应器平均污泥浓度增加，终沉池的水力负荷与固体负荷没有变化。此外，由于采用分段进水，系统中每一段好氧区产生的硝化液直接进入下一段的反硝化区进行反硝化，这样就无须硝化液内回流设施，且在反硝化区又可以利用废水中的有机物作为碳源，在不外加碳源的条件下，达到较高的反硝化效率。

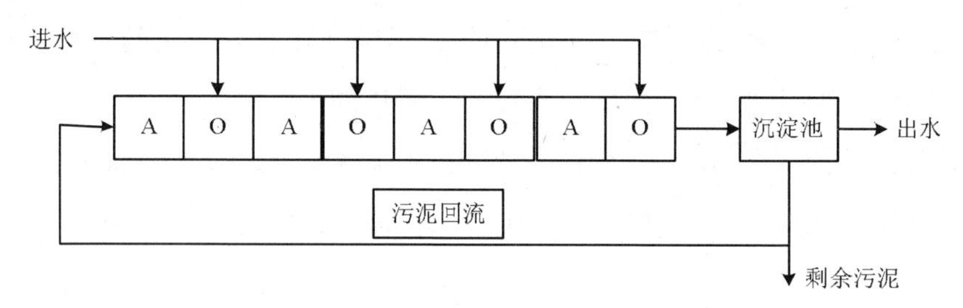

图 6-11 分段进水 A/O 接触氧化工艺流程

（3）二级 A/O 工艺

由于制革废水中同时含有高浓度的有机物和氨氮，仅仅采用一级生物脱氮工艺不可能同时达到有机物降解和氨氮去除的目的，而必须采用二级生物脱氮工艺。其中，第一级的功能以去除有机物为主要功能，第二级以去除氨氮为主要功能。二级生物处理工艺中，如果在第一级中有机物去除程度高，则进入第二级废水的碳氮比比值较低，硝化菌在活性微生物中所占比例也相对较高，因此氨氮氧化速率也较高。但由于进入第二级的废水有机物浓度相对较低，异养菌数量相应减少，会导致活性污泥絮凝性变差，给固液分离带来困难，因此第二级生物处理宜采用生物膜法工艺。在膜法工艺中，由于削弱了异养菌对附着表面的竞争，有利于硝化菌的附着生长，从而提高氨氮的去除效果。二级 A/O 工艺流程见图 6-12。二级 A/O 的参考工艺参数为：①溶解氧（DO）值：A1 池 0.3～0.5 mg/L，O_2 池 2.0～3.0 mg/L，A^2 池 0.5 mg/L 左右，O_2 池 3.0～4.0 mg/L。②第一、二级硝化液回流比：200%～250%。③pH：O 池 6.5～8.5，A 池 7.5～8.5。④第一、二级污泥回流比 85%～15%。该技术针对氨氮浓度高的制革废水，处理效果稳定，氮去除效率高，能承受水量水质冲击负荷，可操作性强。

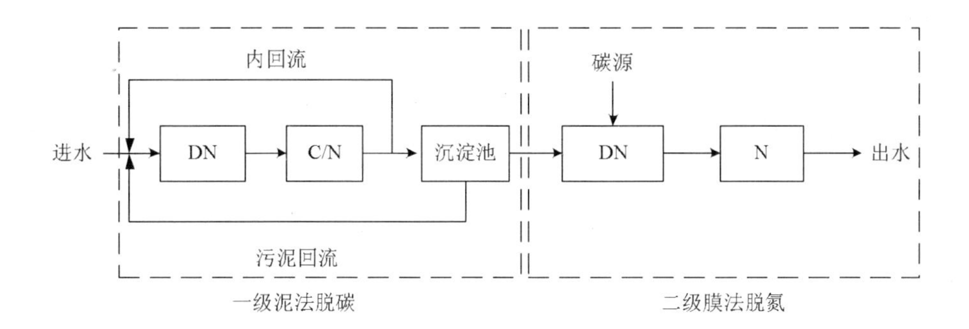

图 6-12 二级 A/O 工艺流程

（4）A^2/O 工艺

该工艺的主要特点：A_1 段为完全厌氧或不完全厌氧（水解酸化），是一个相当多样化的兼性和专性厌氧菌组成的生物系统，可将复杂有机物转化为简单有机物和低分子有机酸，并最终转化为甲烷，使有机物浓度降低，A_1 段的作用是使废水的可生化性显著提高，其 COD_{Cr} 去除率随甲烷的产生量提高而提高，从而大幅降低进入后续 A/O 系统的有机物浓度；第二段采用活性污泥工艺，由于进水可生化性得到提高，有机物浓度低，较容易同时实现有机物降解和氨氮硝化、反硝化过程。

（5）A/O^2（厌氧/好氧—好氧）工艺

A/O^2 又称为短流程硝化—反硝化工艺，其中 A 段为缺氧反硝化段，第一个 O 段为亚硝化段，第二个 O 段为硝化段。该工艺能有效去除酚、氰及有机污染物，但占地面积大，工艺流程长，运行费用较高。

（6）O-A/O（初曝—厌氧/好氧）

该技术由两个独立的生化处理系统组成，第一个生化系统由初曝池（O）+初沉池构成，第二个生化系统由缺氧池（A）+好氧池（O）+二沉池构成。该工艺降解有机污染物能力强，抗毒害物质和系统抗冲击负荷能力强，产泥量少。

6.5.7 MBR（膜生物反应器）技术

膜生物反应器（MBR）是高效膜分离技术与活性污泥法相结合的新型污水处理技术。MBR 内置中空纤维膜，利用固液分离原理，取代常规的沉淀、过滤技术，能有效去除固体悬浮颗粒和有机颗粒，通过膜的截留使系统污泥浓度大幅提高，从而加强了系统对难降解物质的去除效果。一般应进行杂物及悬浮颗粒物预处理，以防止机械设备和管道或膜被磨损或污堵。当油含量大于 50 mg/L 时，应设置除油装置。膜分离操作条件：①运行压力：外置式 0.5 MPa，浸没式＜0.05 MPa。②运行温度：15～35℃。③MLSS：浸没式 MBR 好氧区（池）控制在 3 000～20 000 mg/L。④反应池进水 pH：6～9；化学清洗频率：1～3 月/次。

膜生物反应器被认为是废水处理中一个主要的具有潜在应用价值的新兴技术。膜技术结合活性污泥处理法，通过膜过滤作用，有效地分离生物质，此技术可处理更高浓度的废水，同时还可减少废水中铬和残留的杀菌剂等特殊物质。与传统废水处理工艺相比，MBR 对废水的选择性降低，但可以使活性污泥具有很高的 MLSS 值，可通过延长废水在反应器中的停留时间来提高氮的去除率和有机物的降解，同时减少废水处理过程中的产泥量。经 MBR 处理后，制革废水中 COD_{Cr} 去除率＞95%，BOD_5 去除率＞98%，SS 去除率＞98%，氨氮去除率＞98%，总氮去除率＞85%，其出水可满足间接排放标准，同时还能去除一些其他物质，如铬或残留杀菌剂。该技术运行成本相对较低，可用于制革废水二级生物处理。废水处理过程中会产生硫化氢、氨等恶臭气体，可通过加装密闭罩、设置安全距离等措施减少对人群的影响。膜清洗使用化学药品不当，可能会引发二次污染。

6.6 制革综合废水深度处理技术

6.6.1 芬顿氧化技术

利用亚铁离子作为过氧化氢分解的催化剂，反应过程中产生具有极强氧化能力的羟基自由基（·OH），它进攻有机质分子，从而破坏有机质分子并使其矿化直至转化为 CO_2 等无机质。在酸性条件下，过氧化氢被二价铁离子催化分解从而产生反应活性很高的强氧化性物质——羟基自由基，引发和传播自由基链反应，强氧化性物质进攻有机物分子，加快有机物和还原性物质的氧化和分解。当氧化作用完成后调节 pH，使整个溶液呈中性或微碱性，铁离子在中性或微碱性的溶液中形成铁盐絮状沉淀，可将溶液中剩余有机物和重金属吸附沉淀下来，因此，芬顿试剂实际是氧化和吸附混凝的共同作用。芬顿氧化法工艺流程如图 6-13 所示。

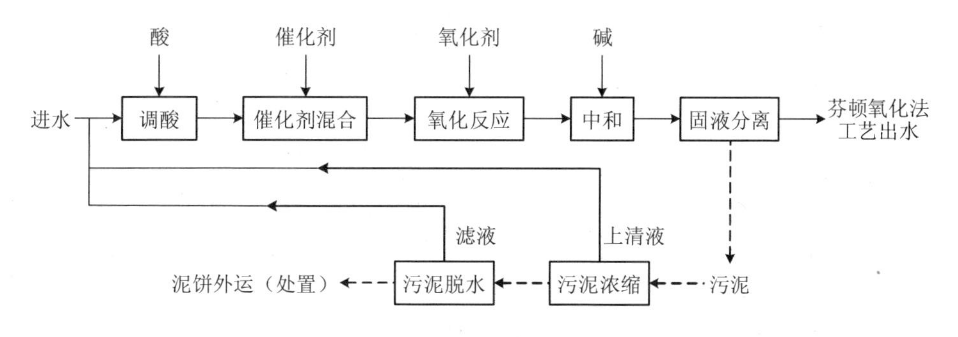

图 6-13 芬顿氧化法工艺流程

该技术仅需简单的药品添加及 pH 控制，药剂易得，价格便宜，无须复杂设备且对环境友好，投资及运行成本相对较低。但是，芬顿氧化技术也存在污泥产生量大、操作控制要求严格等缺点。COD_{Cr} 去除率为 60%～90%，适用于制革企业排放废水的深度处理。

6.6.2 臭氧氧化技术

臭氧氧化体系具有较高的氧化还原电位，能够氧化废水中的大部分有机污染物，被广泛应用于工业废水处理中。臭氧能氧化水中许多有机物，但臭氧与有机物的反应是有选择性的，而且不能将有机物彻底分解为 CO_2 和 H_2O，臭氧氧化后的产物往往为羧酸类有机物，且臭氧的化学性质极不稳定，尤其在非纯水中，氧化分解速率以分钟计。因此，在废水处理中，臭氧氧化通常不作为一个单独的处理单元，而是会加入一些强化手段，如光催化臭氧化、碱催化臭氧化和多相催化臭氧化等。碱催化氧化是通过 OH^- 催化，生成羟基自由基（·OH），再氧化分解有机物。光催化氧化是以紫外线为能源，以臭氧为氧化剂，利用臭氧在紫外线照射下生成的活泼次生氧化剂来氧化有机物，一般认为臭氧光解先生成 H_2O_2，H_2O_2 在紫外线的照射下又生成·OH。多相催化氧化是利用金属催化剂促进 O_3 的分解，以产生活泼的·OH 自由基强化其氧化作用，常用的催化剂有 CuO、Fe_2O_3、NiO、TiO_2、Mn 等。

臭氧氧化技术毒性低，处理过程无污泥产生，处理时间较短，所需空间小，操作简单，适用于生化处理后综合废水的深度处理，主要用于对低浓度、难降解有机废水进行处理，对臭味、色度、有机物和无机物都有显著的去除效果，残留于废水中的臭氧易自行分解，一般不产生二次污染。

6.6.3 高级催化氧化反应器—芬顿流化床技术

高级催化氧化—芬顿流化床是传统催化氧化的一种优化和改良，在芬顿氧化法的基础上，添加特制的催化剂并在特定的反应器中形成的处理方法，是集电化学、化学催化氧化及物化絮凝沉淀等于一体的处理工艺，在催化剂的催化氧化作用下达到削减难降解有机物的目的。高级催化氧化和其他深度处理技术相比具有以下优点：反应启动快、反应条件温和；设备简单、占地面积小、能耗小、运行费用低；COD_{Cr} 及色度去除率高，COD_{Cr} 去除率可达 70%以上，色度可基本完全去除；氧化性强，反应过程中可以将污染物彻底无害化，而氧化剂参加反应后可自行分解，无残留，同时是良好的助凝剂。新型高效催化剂产生的新生态三价铁的除磷效果以及脱色效率优于传统催化氧化法，降低了 Fe^{2+}的用量，保持过氧化氢较高的利用率，提高了处理废水的效率，节约了时间。

该技术运行过程稳定可靠，且不需要特别的维护，操作简便，只要掌握好投放量及处理周期即可。处理每吨废水产生 0.2～0.5 kg 污泥，污泥易脱水，水量小时可排入原有的污泥处理系统。

6.6.4 曝气生物滤池（BAF）

曝气生物滤池（BAF）是由接触氧化和过滤相结合的一种生物滤池，采用人工曝气、间接性反冲洗等措施，主要完成有机污染物和悬浮物的去除。BAF 的最大特点是集生物氧化和截留悬浮固体于一体，并节省了后续二次沉淀池。技术工艺流程为，在生物反应器内装填高比表面积的颗粒填料，以提供微生物膜生长的载体，废水由下向上或由上向下流过滤层，滤池下设鼓风曝气系统，使空气与废水同向或逆向接触。废水流经曝气生物滤池时，通过生物膜的生物氧化降解、生物絮凝、物理过滤和生物膜与滤料的物理吸附作用，以及反应器内食物链的分级捕食作用，使污染物得以去除。BAF 系统原理如图 6-14 所示。通过生物膜中所发生的生物氧化和硝化作用，BAF 对污水中的有机物、氨氮和固体悬浮物等均有很好的去除效果。运行时，进水悬浮物浓度不宜大于 60 mg/L，污泥浓度为 3 500～4 000 mg/L，污泥负荷一般小于 0.08 kg BOD_5/（kg MLSS·d），污泥回流比为 50%～100%。

该技术有机物容积负荷、水力负荷大，水力停留时间短，出水水质高，悬浮物去除率为 75%～98%，COD_{Cr} 去除率为 70%～85%。对于生化性良好的废水，经处理后可达到 COD_{Cr} 60 mg/L 以下和氨氮 10 mg/L 以下的出水水质要求。

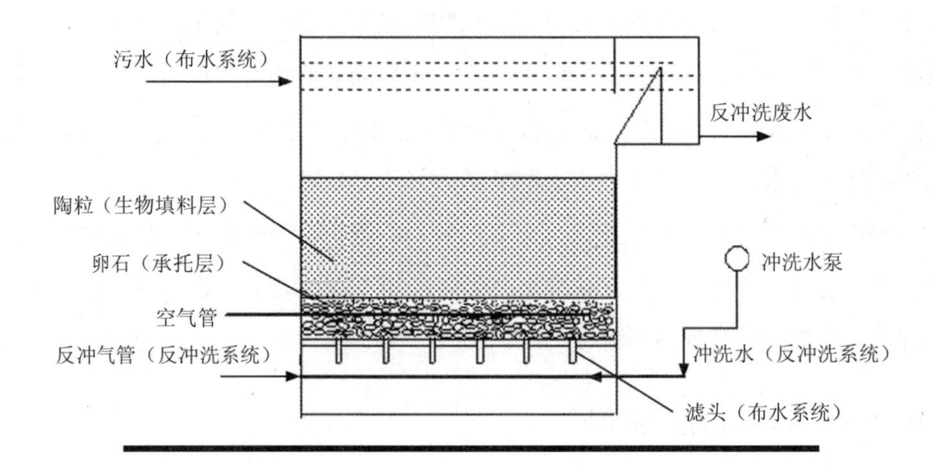

图 6-14 曝气生物滤池系统示意

6.6.5 人工湿地—生态植物塘

人工湿地—生态植物塘是指利用基质—微生物—植物—动物这个复合生态系统的物理、化学和生物的三重协调作用，通过过滤、吸附、共沉、离子交换、植物吸附和微生物分解等多种功能，实现对废水的高效净化。该技术对总氮的去除率可达到60%以上，BOD_5的去除率在85%以上，COD_{Cr}去除率可达到80%以上。该技术主要适用于生物处理效果好、出水氨氮在几十 mg/L 左右的企业，用以进一步去除氨氮和 COD_{Cr}。该技术占地面积大，且工艺运行受气候影响较大，仅适合在南方地区应用。

7 制革工业废气处理技术

7.1 颗粒物治理技术

7.1.1 旋风除尘器

旋风除尘器，也称旋风分离器，除尘机理是使含尘气流做旋转运动，借助于离心力将尘粒从气流中分离并捕集于器壁，再借助重力作用使尘粒落入灰斗。旋风除尘器通常由进气管、排气管、圆筒体、圆锥体和灰斗等部分组成，按气流进入方式，可分为切向进入式和轴向进入式两类。在相同压力损失下，后者能处理的气体约为前者的 3 倍，且气流分布均匀。旋风除尘器的各个部件都有一定的尺寸比例，每一个比例关系的变动，都能影响旋风除尘器的效率和压力损失，其中除尘器直径、进气口尺寸、排气管直径为主要影响因素。旋风除尘器设备外观、内部结构及工作原理如图 7-1、图 7-2、图 7-3 所示。

在旋风除尘器中，离心沉降速度与颗粒容重成正比，与颗粒直径平方成正比。因此，旋风除尘器对于泥沙和重金属粉末的除尘效果明显。但由于革屑的容重和颗粒都很小，离心沉降速度也小，因此，旋风除尘器对于革屑的除尘效率只有 60%以下。旋风除尘器结构简单，易于制造、安装和维护管理，设备投资和操作费用都较低，适用于非黏性及非纤维性粉尘的去除，大多用来去除 5 μm 以上的粒子，但对进口风速、粉尘浓度等的要求较高。

图 7-1　旋风除尘器设备外观

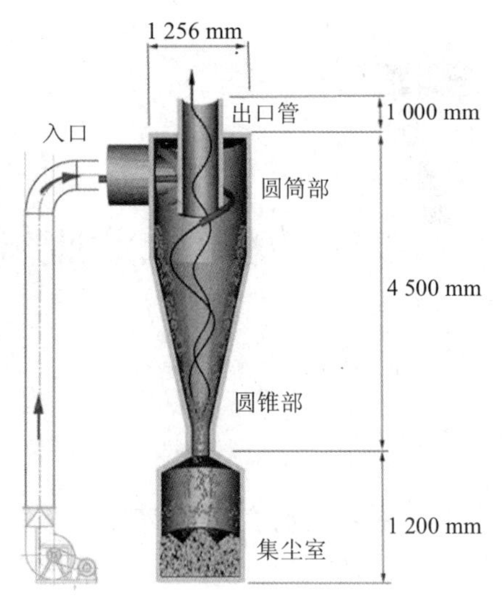

图 7-2　旋风除尘器内部结构

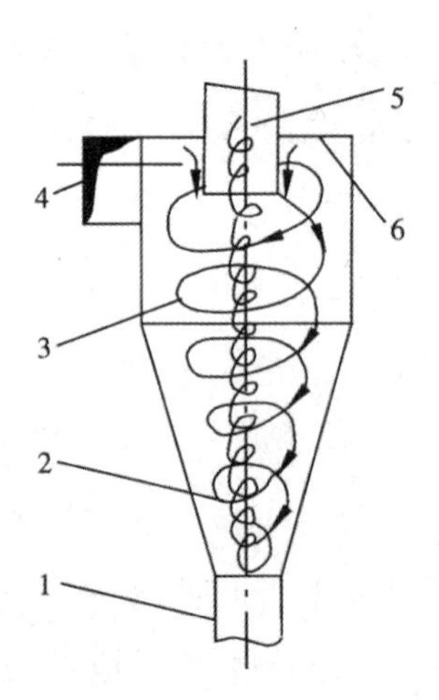

1—排灰管；2—内旋气流；3—外旋气流；4—进气管；5—排气管；6—旋风顶板。

图 7-3　旋风除尘器工作原理

7.1.2 惯性除尘器

惯性除尘器是利用气流方向发生剧烈改变时，依靠灰尘本身的惯性力而从气流中分离粉尘的方法。惯性除尘器分为碰撞式和回转式两种。前者是沿气流方向装设一道或多道挡板，含尘气体碰撞到挡板上使尘粒从气体中分离出来。显然，气体在撞到挡板之前速度越高，碰撞后越低，则携带的粉尘越少，除尘效率越高。后者是使含尘气体多次改变方向，在转向过程中把粉尘分离出来。气体转向的曲率半径越小。转向速度越多，则除尘效率越高。惯性除尘器的性能因结构不同而异。当气体在设备内的流速为 10 m/s 以下时，压力损失在 200～1 000 Pa，除尘效率为 50%～70%。

惯性除尘器设备结构简单，阻力较小，但除尘效率不高，在实际应用中，一般放在多级除尘系统的第一级，用来分离颗粒较粗的粉尘，特别适用于捕集粒径大于 10 μm 的干燥粉尘，而不适宜于清除黏结性粉尘和纤维性粉尘。惯性除尘器还可以用来分离雾滴，此时要求气体在设备内的流速以 1～2 m/s 为宜。

7.1.3 袋式除尘器

袋式除尘器是用棉布、呢绒、涤纶绒等织物做成袋形过滤器，当含尘气体进入袋式除尘器后，颗粒大、比重大的粉尘，由于重力的作用沉降下来，落入灰斗，含有较细小粉尘的气体在通过滤料时，粉尘被阻留，使气体得到净化，颗粒物的捕集粒径小于 5 μm。显然，织物越密实，绒毛越多，阻挡粉尘的效率越高，但相应阻力也越大。在滤袋使用中逐渐积满粉尘，必须及时将布袋抖动，把粉尘振捣下来，振捣形式有手动式、机械式、压缩空气脉冲反吹式，其中脉冲反吹式不仅能实现自动定时抖尘，还不易损坏滤袋。袋式除尘器技术工艺流程、设备外观和内部结构（脉冲式）如图 7-4、图 7-5、图 7-6 所示。在革屑除尘上，袋式除尘应用广泛，除尘效率绝大部分取决于滤袋经纬密度，一般能达到 96%～98%。

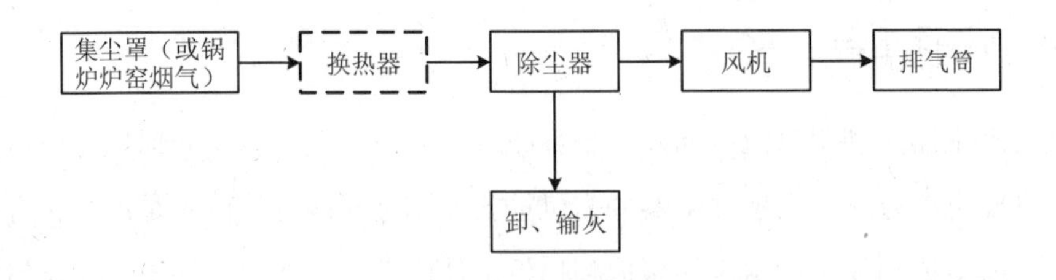

（a）负压除尘系统

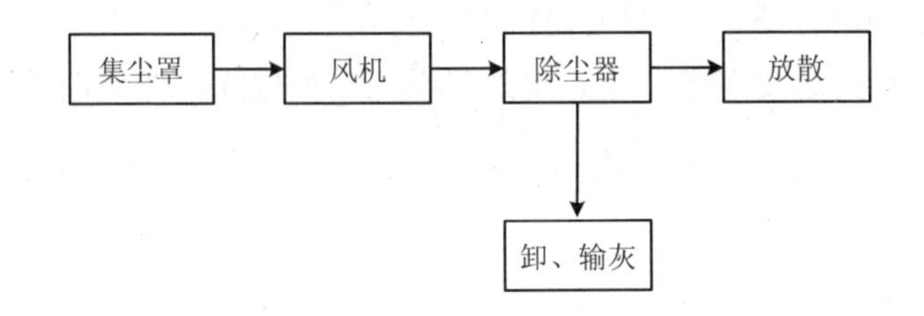

（b）正压除尘系统

图 7-4　典型袋式除尘技术工艺流程

图 7-5　袋式除尘器外观

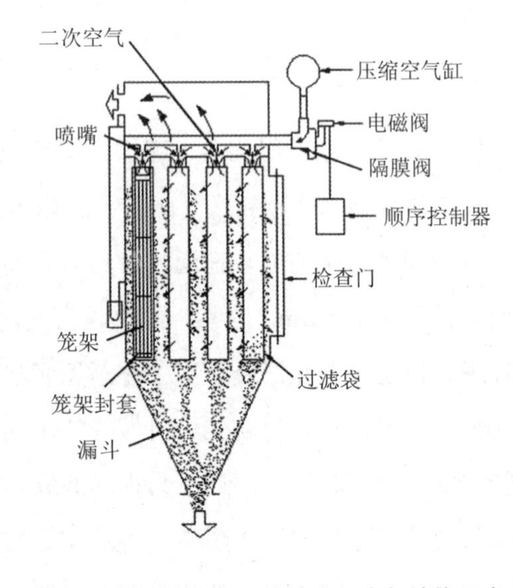

图 7-6　袋式除尘器（脉冲式）内部结构示意

7.1.4 重力沉降室

重力沉降室是利用重力作用使尘粒从气流中自然沉降的除尘装置，是一种最简单的除尘器，主要由室体、进气口、出气口和集灰斗组成（图 7-7）。其机理为含尘气流进入沉降室后，由于扩大了流动截面积而使得气流速度大大降低，使较重颗粒在重力作用下缓慢向灰斗沉降。重力沉降室适用于捕集密度大、颗粒大（50 μm 以上）的粉尘，优点是结构简单、造价低、施工容易、维护管理方便、阻力小（一般为 50～150 Pa），可处理较高温气体（最高使用温度能达到 350～550℃）、可回收干灰等，但缺点是除尘效率低（约 50%）、占地面积大，因此，一般作为多级除尘系统中的预除尘器使用。有的沉降室内加设人字形或“U”形挡，使含尘气流多次改变方向并多次碰撞减弱其动能，使气流速度减慢下来，气流速度越慢，在重力作用下沉降速度也越慢。

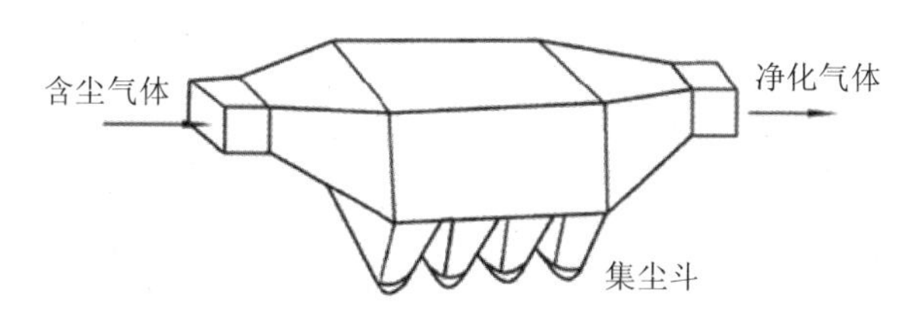

图 7-7 重力沉降室结构示意

革屑颗粒一般都很微小，重力沉降室不可能建造得太大，所以该技术用在革屑除尘上，除尘效率很低，一般在 35%以下，不适于单独使用。如果把沉降室作为第一级粗除尘用，其后串联效率较高的第二级除尘器（如袋式除尘器），效果还是可取的，但占地面积较大。

7.1.5 湿式除尘器

湿式除尘器是利用含尘气流与液滴或液膜接触，使粉尘与气流分离的装置，包括各种喷雾洗涤器、旋风水膜除尘器和文丘里洗涤器等。湿式除尘器制造成本相对较低，但对于化工、喷漆、喷釉、颜料等行业产生的带有水分、黏性和刺激性气味的灰尘是最理想的除尘方式。因为不仅可除去灰尘，还可利用水除去一部分异味，如果是有害性气体（如少量的二氧化硫、盐酸雾等），可在洗涤液中配制吸收剂吸收。缺点包括：从湿式除尘器中排出的泥浆要进行处理，否则会造成二次污染；当净化有侵蚀性气体时，化学侵蚀性转移到水中，因此，污水系统要用防腐材料保护；不适合用于疏水性烟尘；处理黏性烟尘时易发生管道、叶片等堵塞；与干式除尘器比拟需要消耗水，并且处理难题，在严寒地区应采用防冻措施。

在工程上使用的湿式除尘器形式很多。总体上可分为低能和高能两类。低能湿式除尘器的压力损失为 0.2～1.5 kPa，包括喷雾塔和旋风洗涤器等，在一般运行条件下的耗水量（液气比）为 0.5～3.0 L/m^3，对 10 μm 以上颗粒的净化效率可达到 90%～95%。高能湿式除尘器的压力损失为 2.5～9.0 kPa，净化效率可达 99.5% 以上，如文丘里洗涤器等。主要湿式除尘装置的性能、操作范围摘要见表 7-1。

表 7-1 主要湿式除尘装置的性能、操作范围摘要

装置名称	气体流速/（m/s）	液气比/（L/m^3）	压力损失/Pa	分割直径/ μm
喷淋塔	0.1～2	2～3	100～500	3.0
填料塔	0.5～1	2～3	1 000～2 500	1.0
旋风洗涤器	15～45	0.5～1.5	1 200～1 500	1.0
转筒洗涤器	300～750 r/min	0.7～2	500～1 500	0.2
冲击式洗涤器	10～20	10～50	0～150	0.2
文丘里洗涤器	60～90	0.3～1.5	3 000～8 000	0.1

7.2 VOCs 治理技术

7.2.1 溶剂吸收技术

以液体溶剂作为吸收剂，使废气中的有害成分被液体吸收，从而达到净化的目的，其吸收过程是气相和液相之间进行气体分子扩散或者是湍流扩散进行物质转移。用于 VOCs 治理主要针对水溶性有机溶剂，如甲醛等。通过吸收塔，大部分粉尘、气溶胶等也同时被过滤除去。常用装置包括文氏洗涤塔、板式洗涤塔和填充洗涤塔等，选用吸收剂及液气比、温度等操作参数由有机废气的成分和浓度确定。氨气使用酸性溶液吸收，硫化氢使用碱性溶液吸收（如氢氧化钠溶液）。

吸收法技术成熟，设计及操作经验丰富，不但对处理大风量、常温、低浓度有机废气比较有效且费用低，而且能将污染物转化为有用产品。不足之处在于吸收剂后处理投资大，对有机成分选择性大，易出现二次污染。溶剂吸收法适于制革企业排放废气中甲醛等水溶性有机溶剂及氨气、硫化氢等恶臭气体的治理，吸收效率为 60%～96%。

7.2.2 吸附法

吸附法是利用某些表面有微孔的具有吸附能力的物质如活性炭、硅胶、沸石分子筛、活性氧化铝等吸附有害成分而达到消除有害污染的目的。吸附效果取决于吸附剂性质（如比表面积、孔径与孔隙等）、气相污染物种类和吸附系统的操作温度、湿度、压力等因素。吸附剂要具有密集的细孔结构，内表面积大，吸附性能好，化学性质稳定，耐酸碱，耐水，耐高温高压，不易破碎，对空气阻力小。

吸附法的运行机制是利用吸附质表面分子官能团具有极大的表面能，其微孔相对孔壁分子共同作用形成强大的分子场，形成较大的范德华力来捕捉、截流、过滤 VOCs 气体分子，再经过改变温度、压力，或用置换物置换等方式进行脱附再生，再经过冷凝或吸收回收挥发性有机化合物的方法。用吸附质吸附回收VOCs，以脱附和回收方法的不同，有湿式吸附回收法和干式吸附回收法。湿式吸附回收法的脱附方法为水蒸气脱附，回收方法为冷凝回收，重力分离；干式吸附回收法的脱附方法为真空脱附，回收方法为高浓度吸附质选择性吸收回收。

目前应用最为广泛的是活性炭吸附法，其工艺流程如图 7-8 所示。主要的治理设备包括固定床和移动床（含转轮）吸附器，吸附以后的吸附器利用水蒸气或热空气进行再生。水蒸气再生后的尾气进行冷凝回收溶剂；热空气再生后的高浓度尾气可以进行冷凝回收有机溶剂，也可以利用焚烧设备进行焚烧以回收热能。对于低浓度 VOCs 的治理，目前主要采用吸附浓缩技术，首先将有机物吸附在吸附剂上，然后使用热空气流对吸附剂进行脱附再生，脱附后的有机成分被浓缩，对于回收价值高的有机物采用冷凝回收；对于回收价值低的有机物则采用焚烧技术进行破坏。

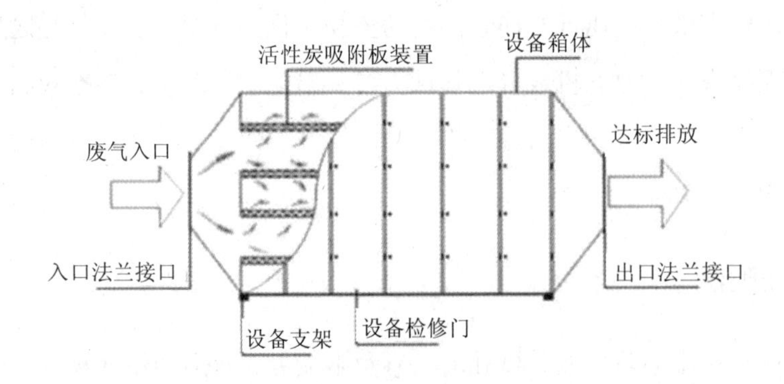

图 7-8　活性炭吸附工艺流程

吸附法在 VOCs 的处理过程中应用极为广泛，主要用于低浓度、高流量有机废气的净化。吸附法的优点在于去除效率高、能耗低、工艺成熟、脱附后溶剂可回收。缺点在于投资后运行费用较高且有二次污染产生，当废气中有胶粒物质或其他杂质时，吸附剂易中毒。

吸附法与其他净化方法的集成技术可用于治理众多行业的有机废气，在国内得到了推广应用。如采用液体吸附和活性炭吸附法联合处理高浓度可回收苯乙烯废气；采用吸附法和催化燃烧法联合处理丙酮废气等。吸附法与其他净化方法联用后不但避免了两种方法各自的缺点，而且具有吸附效率高、无二次污染等特点。

7.2.3 催化燃烧

燃烧法包括直接燃烧和催化燃烧。直接燃烧是使用燃烧器直接燃烧废气，燃烧温度控制在 650～850℃，也可直接采用电热方式提高废气温度至 820～1 000℃。催化燃烧是使用催化剂能将有机废气在较低的温度（250～400℃）下分解转化成无害物质。较常用催化剂主要成分一般为 Pt、Pd、Mn、Fe、Cr_2O_3、V_2O_5 或其他合金的混合体。可依不同的废气成分、浓度及所需的破坏效率而选用不同的催化剂与操作温度，滞留时间为 0.1～0.2 s。在一般使用状况下，催化剂每 1～3 年须更换或再生，以维持其处理功能。

催化燃烧法净化率可达 95%，但仅适合于处理高浓度、小风量且废气温度较高的有机废气。因此，为了提高废气温度，通常要消耗大量的能源。

7.2.4 活性炭吸附—催化燃烧技术

该技术是采用初效过滤棉进行预过滤，然后通过滤筒除尘器进行高效除尘去除颗粒物，然后利用蜂窝状活性炭吸附剂将废气中的 VOCs 捕获，当活性炭床达到饱和后进行脱附，再进行催化燃烧。其流程如图 7-9 所示。

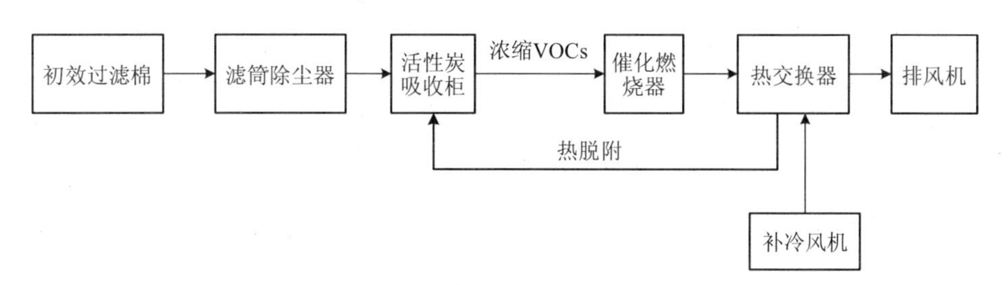

图 7-9 活性炭吸附—催化燃烧技术工艺流程

该技术系统包括以下重要环节：

（1）初效过滤棉

制革涂饰废气中的液态雾滴会被拦截，并且少量的颗粒黏附在纸壁面上，不会随气流而带走，而对于空气则没有特别的阻碍，可继续运动。当空气自由通过孔洞时，粒子吸附在过滤棉上，当达到过滤饱和，进行手动更换初效过滤棉。

（2）滤筒除尘器

滤筒除尘器能有效过滤 0.1 μm 以上的颗粒物粉尘，效率高，能有效地拦截粉尘。滤筒过滤＋自动反吹清灰装置适用于粉尘量大、长期连续工作的流水线。

（3）活性炭吸附柜

活性炭吸附柜的吸附技术是利用蜂窝状活性炭吸附剂将废气中的 VOCs 捕获，活性炭床达到饱和后再进行脱附使活性炭得到再生。常用的脱附方法有热气吹脱法、置换法、减压法。

（4）催化燃烧器

直接燃烧需将废气加热到 800℃，使其完全氧化成 CO_2 和 H_2O。由于燃烧温度较高，容易产生热力型氮氧化物，造成二次污染。催化燃烧在燃烧系统中加入贵金属催化剂或氧化物催化剂能使 VOCs 氧化温度降至 400℃左右，可以降低设备运行成本，且抑制氮氧化物的产生。VOCs 氧化产生的热量用于热脱附活性炭吸附柜，使活性炭再生。

7.2.5 生物膜技术

生物膜技术主要是利用微生物的新陈代谢作用，对多种有机物和某些无机物进行生物降解，将其转化为 CO_2、H_2O 等无机物。主要处理工艺包括生物滤塔、生物洗涤塔和生物滴滤塔。工艺简图如图 7-10 所示。

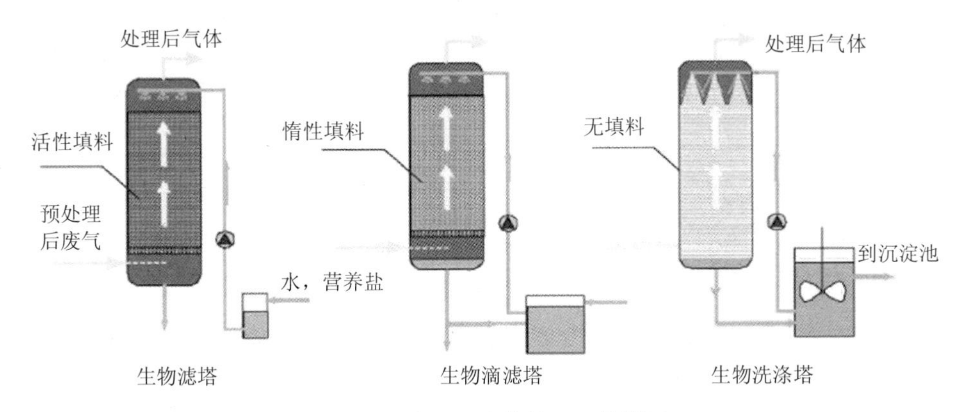

图 7-10 VOCs 生物处理工艺简图

三种工艺的主要区别如表 7-2 所示。

表 7-2 VOCs 不同生物膜处理工艺的比较

工艺	流动相	填料	生物相
生物滤塔	气体	活性填料（含营养）	附着型
生物滴滤塔	气体和液体	惰性填料	附着型
生物洗涤塔	气体和液体	无	悬浮型

该技术工艺设备简单，操作方便，投资少，运行费用低，无二次污染，可处理含不同性质组分的混合气体。但同时也存在着反应装置占地面积大、反应时间较长的缺点。而且，由于生物降解速率有限，承受负荷不能过高，对难以降解的 VOCs 去除效果较差，适用于制革企业低浓度 VOCs 废气的处理。

7.3 恶臭气体治理技术

7.3.1 低温等离子体技术

低温等离子体技术处理恶臭气体的原理为，当外加电压达到气体的放电电压时，气体被击穿，产生包括电子、各种离子、原子和自由基在内的混合体，利用这些高能电子、自由基等活性粒子和废气中的污染物作用，使污染物分子在极短的时间内发生分解，以达到降解污染物的目的。技术作用原理和工艺流程如图 7-11 和图 7-12 所示。

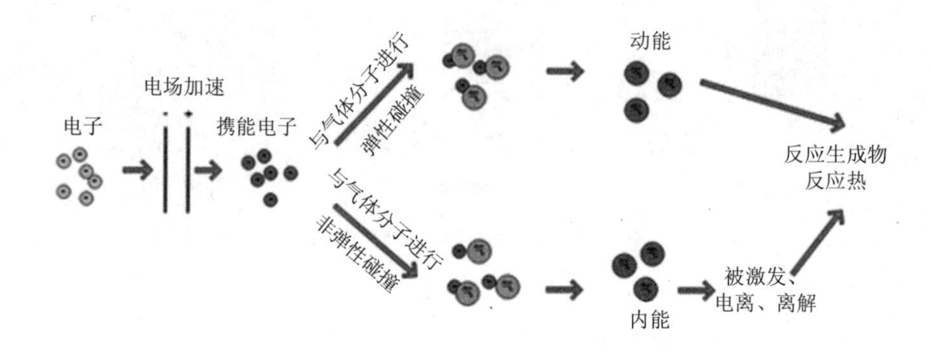

图 7-11 低温等离子体除臭反应原理

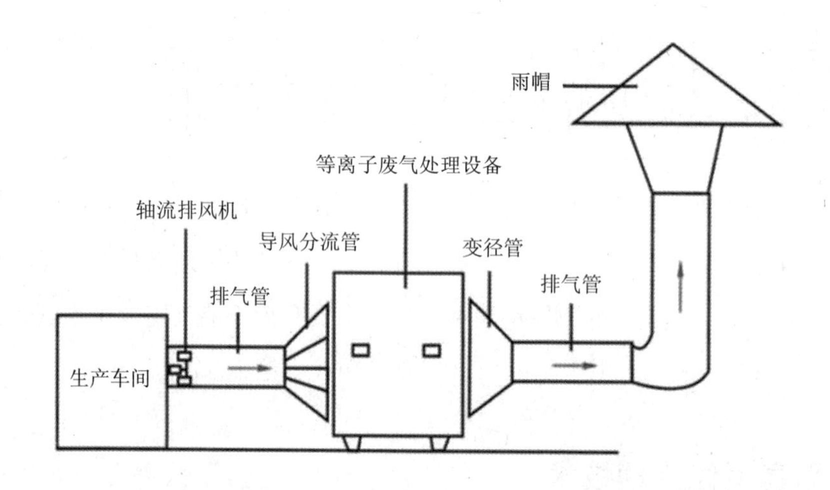

图 7-12 低温等离子技术工艺流程

低温等离子体的产生途径很多，目前制革企业污水处理厂多采用双介质阻挡放电装置。此方法不需要任何吸附剂、催化剂及其他任何助燃燃料，只需采用交流电，经振荡升压装置获得高频脉冲电场，产生高能量电子，轰击分解废气中的恶臭、有毒的气体分子，具有安全可靠、操作简单、运行费用低、治理效率高、技术先进等特点。

7.3.2 光量子除臭技术

光量子除臭技术即特种光量子恶臭气体处理技术，是针对食品、屠宰、污水污泥处理等行业中低浓度大气量恶臭气体的特点而设计的一种高效能新型工艺。该技术通过特制的激发光源产生不同能量的光量子，利用恶臭物质对该光量子的强烈吸收，在大量携能光量子的轰击下使恶臭物质分子解离和激发，同时空气中的氧气和水分及外加的臭氧在该光量子的作用下可产生大量的新生态氢、活性氧和羟基氧等活性基团，一部分恶臭物质也能与活性基团反应，最终转化为 CO_2 和 H_2O 等无害物质，从而达到去除恶臭气体的目的。因其激发光源产生的光量子的平均能量在 1～7 eV，适当控制反应条件可以实现一般情况下难以实现或使速度很慢的化学反应变得十分快速，大幅提高了反应器的作用效率。

该技术设备体积小、占地面积少、能耗低、自控便捷，具有较大的潜力。根据实际情况进行单级或多级串、并联使用，适用于制革企业污水处理厂恶臭气体的治理。

7.3.3 三相多介质催化氧化废气处理技术

三相多介质催化氧化废气处理技术在雾化吸收氧化废气处理技术的基础上，解决了传统工艺中传质效率低、应对负荷变化能力差、反应速度慢等问题，是一种高效率、易操控的新型工艺。该技术通过特制的喷嘴，将吸收氧化液（以水为主，混配有氧化剂）呈发散雾化状喷入催化填料床，在填料床液体、气体、固体三相充分接触，并通过液体吸收和催化氧化作用将气体中异味物质吸收或氧化。催化填料床填充有多种介质的固体催化剂，该催化剂能有效促进有机物的氧化和分解，加速反应过程。吸收了有机污染物后的氧化液则排至循环槽，在此经氧化剂进一步氧化后，转化为无害物质，吸收氧化液由循环泵抽送至液体吸收氧化塔循环使用。净化后的气体经烟囱排放。

7.3.4 生物过滤法

生物过滤法是将收集到的臭气在适宜的条件下通过长满微生物的固体载体（滤料），气味物质先被填料吸收，然后被填料上的微生物氧化分解，完成臭气的除臭过程。固体载体上生长的微生物承担了物质转换的任务，因为微生物生长需要足够的有机养分，所以固体载体必须具有较高的有机成分。要使微生物保持高的活性，还必须为之创造一个良好的生存条件，例如适宜的湿度、pH、氧气含量、温度和营养成分等。生物过滤法的工艺流程见图 7-13。

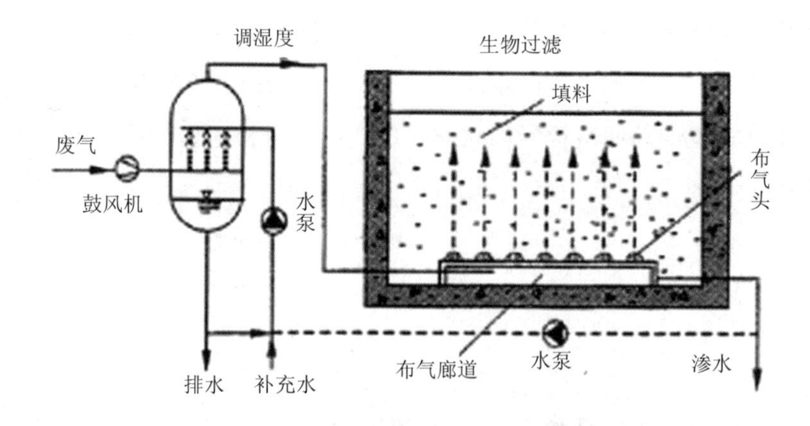

图 7-13 生物过滤法的工艺流程

生物过滤法主要包括污染场所密封系统、臭气收集及输送系统和生物滤池。生物滤池为混凝土矩形池，池底为布气系统，由带有多个滤头的模压塑料滤板组成，上层为具有专利技术的无机滤料，其厚度根据处理气量的多少来确定。收集的臭气通过鼓风机鼓入滤板下，由滤板均匀分布扩散至滤池，通过滤池内滤料达到去除臭气化合物的目的。生物滤池除臭系统整个处理工艺包括收集和处理。为了避免气味源气味扩散，扩散源要求封闭，并使其处于负压状态。吸气量的大小可根据室内是否进人，按 2～8 次/h 换气量计算：不进人或一般不进人的地方，空气交换量应为 2～3 次/h；对于有人进入、但工作时间不长的空间，空气交换量为 2～3.5 次/h；有人长时间工作的空间，空气交换量为 4～8 次/h。通过参考一些企业的实际运行经验可知，生物滤池除臭法对恶臭污染物的吸收效率在 90%以上。

7.3.5 土壤脱臭法

将气体收集后通过管道输入脱臭池底部并扩散于其中的土壤内（土壤以天然土、腐殖土为宜），臭气在通过土壤过程中受土壤颗粒表面吸附作用，多种致臭物质被截留。经过一段时间，在土壤颗粒表面可逐渐培养出针对致臭物质的微生物，并可不断将致臭物质分解，完成脱臭。同时，土壤脱臭池表面可天然生长或人工栽植花草，形成良好的环境效果。土壤脱臭的优点是投资少，运行费用低，且可与厂区绿化结合，无任何副产品产生。缺点是需要占用面积较大的土地，易受地下水及冬天低气温的影响，除臭效果一般。

8 制革工业固体废物处理处置及综合利用技术

8.1 污泥处理处置及综合利用技术

8.1.1 污泥脱水技术

初沉污泥的固含量仅有 3%～5%，需浓缩脱水后再做进一步处置或利用。污泥脱水的常规方法有干化场自然干燥、机械脱水。污泥在储存、浓缩脱水的过程中，应注意产生 H_2S 的危险。污泥的常规脱水技术如表 8-1 所示。

表 8-1 污泥脱水技术总结

类型	脱水方法	优点	缺点	适用性
机械脱水	板框压滤机	结构简单，操作管理容易；药品消耗成本低；污泥含水率低	单机处理能力小；设备损耗大，清洗较烦琐	适用于含铬废水处理时产生的污泥；适用于污泥产量小的企业
	带式压滤机	连续操作，脱水处理能力大	运行费用高；滤带反冲洗水用量大；工作环境较差，H_2S 对设备腐蚀大	适用于污泥产量大的企业
	卧螺离心机	占地小，设备紧凑；工作环境较好，可连续操作，脱水处理能力大	设备昂贵，投资大；药品成本高，能耗大，运行费用高	适用于污泥产量大的企业；适于土地比较紧张的企业
自然干燥	污泥干化场	投资少，操作简便，能耗低，运行费用低	占地面积大，受气候条件影响，环境卫生差	适用于污泥产量小的企业；适用于土地不紧张的企业；适用于气候干燥地区

8.1.2 低温真空脱水干化技术

将含水率为 90%左右的污泥进行调制，经一次处理脱水干化至 30%以下。经调制后的污泥由进料泵送入脱水干化系统，同时在线投加絮凝剂，利用泵压使滤液通过过滤介质排出，完成液固两相分离。污泥经进料过滤、隔膜压滤以及真空热干化等过程处理以后，滤饼中的水分已充分脱除，污泥量大大减少，最大限度地实现了污泥的减量化。经过上述各阶段的脱水干化，污泥含水率降至 30%以下，基本达到污泥减量化和无害化的要求，同时为后续进一步资源化创造了条件。

该技术主要应用于含固率比较高的或者含水率比较低的物料的固液分离，可实现污泥脱水和干化“一体化”，省去了脱水设备。技术应用过程无须使用石灰、铁盐等添加剂，实现了污泥处置从源头减量，可降低后期的处置和运输成本，且处理处置后的污泥在一定程度上起到了杀菌灭活和无害化的作用，可以用作填埋、燃料、园林绿化用土、建筑材料等。

8.1.3 含铬污泥处理处置及综合利用技术

（1）生物淋滤

通过嗜酸性硫杆菌为主体的复合菌群的生物氧化作用，使污泥中还原性硫（包括单质硫、硫化物或硫代硫酸盐等）被氧化而导致污泥酸化，污泥中难溶性的重金属（主要是铬）在酸性条件下被溶出进入液相，再通过固液分离脱除固相中的铬，对液相中的铬进行回收利用。工艺流程见图 8-1。

该技术对污泥中铬的去除率达 90%以上。经除铬后的污泥臭气显著减少，可进行堆肥等资源化利用，铬泥也可进行综合利用。适用于大型制革企业或相关专业污水处理厂的含铬污泥处置和污泥综合利用前的脱铬处理。

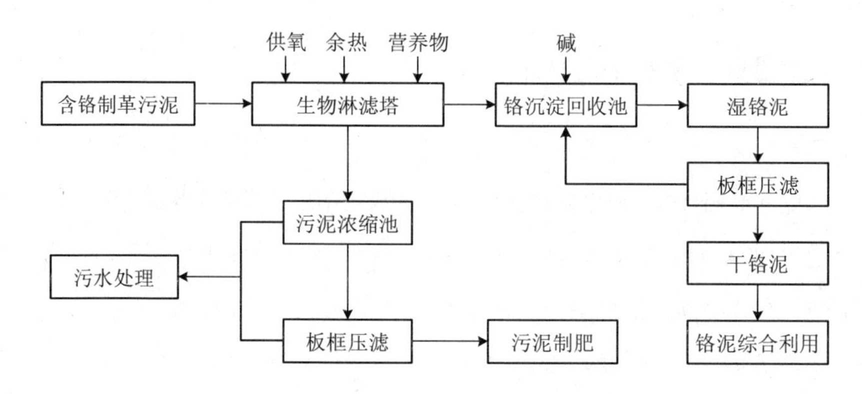

图 8-1　含铬污泥的生物淋滤技术处理

（2）利用铬泥制备再生铬鞣剂技术

以碱沉淀法处理铬鞣废水得到的铬泥和皮革含铬废物提胶残渣作为原料，用双氧水在碱性条件下将铬泥中的三价铬氧化成六价铬，然后用硫酸调节 pH，保持 pH 2.0～2.5 并加热 2 h 以上，去除铬络合结构中存在的有机酸和蛋白多肽等杂质，使回收的铬盐重新获得良好的鞣性，达到铬鞣剂的再生与应用。该技术对铬的回收利用率可达 95%以上，生产的再生铬鞣剂符合生产应用的要求，有效防止了铬金属对环境造成的危害。

8.1.4　综合污泥处理处置及综合利用技术

（1）污泥卫生填埋

填埋是目前最普遍的废弃物处置方式，废渣经脱水、灭菌处理后，直接运送至垃圾填埋场与生活垃圾一起填埋或单独填埋。由于制革加工废物中含有重金属、致病菌、寄生虫卵等有害物质，企业应严格执行相关贮存和填埋标准，按照国家现行的标准严格限制进入综合废水处理站废水中的重金属等有害物质含量，同时还应按照国家现行的标准加强对有害物质的检测和管理。

（2）污泥干化焚烧技术

制革企业的固体废物主要是废水污泥、废皮屑与废油脂，焚烧是有效的处置方案。废水污泥与废皮屑特性存在很大差异，因此焚烧工艺也有很大区别。污泥的比重大，含水率大，多采用多层式焚化炉、旋窑式焚化炉及流动床式焚化炉。焚烧时，常将制革污泥与石化工业污泥混合，以提高燃烧值，适宜混合质量比为制革污泥：石化污泥=1：1～1：5。而废皮屑之比重小，含水率低，并且皮屑与皮屑本身之间孔隙大且多，空气可自由流窜其间，故只要充分加温鼓风，即可完全燃烧，因此只要采用固定床式或机械炉床式焚化炉即可。

通过燃烧可回收能量用于供热或发电，并破坏污泥及废渣中所带病原体并完全氧化有毒有机物。但成本较高，且会产生二氧化硫、二噁英等气体造成空气污染，须进行二次处理。而且，制革废渣中的 Cr^{3+}在高温下可能会转化成毒性更大的 Cr^{6+}，焚烧废渣仍然难于处理，可能造成二次污染。

（3）生物堆肥技术

在一定条件下，微生物使制革污泥中的可降解有机物发酵，转变为类似腐殖质土壤的物质，用于制造肥料。制革污泥宜采用利用好氧微生物的好氧堆肥技术。

堆肥场地根据每天污泥接纳量、堆肥时间以及堆垛的规格和数量来确定。堆肥配料可采用制革污泥、麦秸、稻草、菜叶等。堆料粒径 10～50 mm。堆垛内氧气质量分数为 10%～15%，主发酵期为 15～20 d。发酵过程采用强制通风设备（包括双向风机、通风管、温度控制器等），发酵温度为 50～60℃，进风强度为 15 m^3/（h·t），风机低于温控点时，人工通风频率平均为 10 min/h。后发酵时间 20 d 左右。该技术适用于大型制革企业或相关专业污水处理厂脱铬后污泥的终处置。

8.2 含铬革屑处理处置技术

含铬革屑主要由皮胶原和三价铬组成，以干基计时铬革屑中约含 4%的铬盐以及 80%的胶原蛋白。许多制革厂通过填埋或者焚烧的方式处理革屑，不仅产生了许多环境问题，还造成了资源的浪费。如何更好地处理含铬革屑已经成为迫切需要解决的问题。目前，关于含铬革屑处理处置技术研究也取得了较大的进展，通常可以将这些技术分为直接处理和非直接处理两大类。直接处理是指事先不进行脱铬处理而直接分离革屑中的铬与胶原蛋白，包括用作吸附剂、热解和焚烧三类。间接处理是指先进行脱铬处理后提取高价值的胶原蛋白再利用，分为氧化法、酸水解法、碱水解法和酶水解法等，如图 8-2 所示。

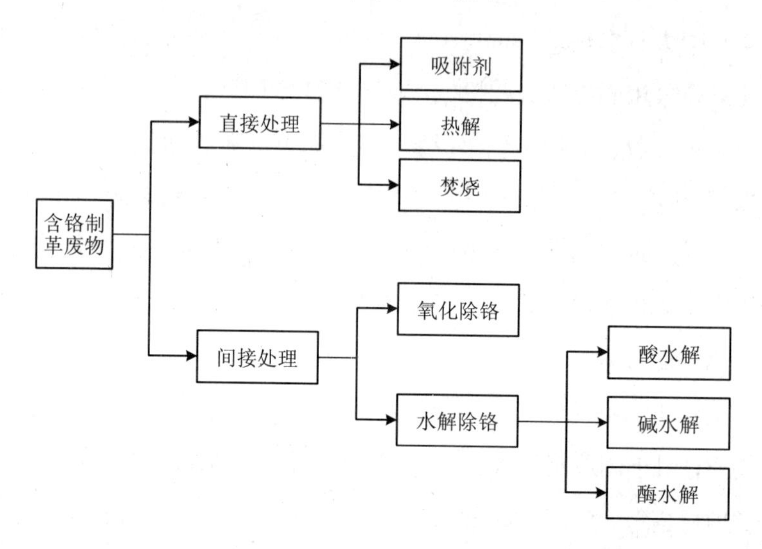

图 8-2　铬鞣革屑的处置方式

8.2.1　直接处理法

（1）用作吸附剂

近年来，污水中的重金属和染料的去除逐渐引起人们的关注，很多处置方式应运而生。吸附法因设计简单、运行方便、对污染物的适应性广，被认为是一种有效的方法。活性炭通常作为废水处理的吸附剂，但由于价格昂贵，不能在大规模的废水治理中应用。铬鞣革屑中的胶原成分含有氨基羧基等其他亲水/疏水结构，对金属阳离子和有机分子具有吸附性，因此一些学者开始研究将其作为污水的一种新的吸附剂。

除了将铬鞣革屑直接用作吸附剂，还可以将其制作成活性炭之后作为吸附剂使用。铬鞣革屑在 CO_2 气流环境下热解可以转化为含铬活性炭，具有很高的微孔比表面积，可达 800 m^2/g 以上，且在 300℃下仍能保持稳定。铬氧化物纳米颗粒分布在活性炭上，随着活化时间的增加，其颗粒的直径逐渐变大。铬鞣革屑也可在固定床反应器中氮气氛围下进行热解，残余的炭渣再通过 CO_2 激活获取活性炭。

（2）热解

热解是处理制革固体废物的另一条路线，是在惰性气体氛围下进行高温加热，已被广泛应用于处理农业废物、废轮胎、污泥、塑料废物。制革固体废物在热解后能产生气体、液体和碳质残渣，气体可以用作燃料，液体也可以用作燃料或者化工原料，碳质残渣可以作为燃料或者进行安全的处置，因为碳质残渣中含有重金属，也可以用于活性炭的制作。

（3）焚烧

利用焚烧方式来处理固体垃圾可以大幅减少其体积，技术成本相对较低且适应性强，此外还可以回收垃圾中的能量。与此同时，焚烧方式也存在一些缺点，如铬鞣革屑在焚烧之后会产生许多气体（SO_x、NO_x 等），需要通过气体净化装置处理。更值得注意的是，铬鞣革屑中含有三价铬，其在高温燃烧情况下很容易转化为剧毒的六价铬，所以燃烧后底灰中铬的处理则显得尤为重要。灰分的剧毒性决定了不能对其直接进行填埋处置，需要先进行固定稳定化处理，减小灰分的毒性后再进行填埋处理。

8.2.2 间接处理法

（1）氧化除铬

氧化除铬是指在碱性条件下向含铬固体废物中添加 Na_2O_2 或 H_2O_2 等过氧化物来将三价铬氧化成六价铬，六价铬不能与胶原结合，因而可以从皮革中脱除下来形成易溶于水的铬酸盐，再通过 Na_2SO_3 等对铬酸盐进行还原重新获得三价铬。

（2）水解除铬

通过酸水解处理铬鞣革屑可以使三价铬从铬胶原蛋白复合物中解离出来，然后铬再与酸的官能团结合成可溶性复合物。这个反应需要发生在强酸条件下，使H^+取代铬离子占据主导地位，因此强无机酸如硫酸、磷酸等被认为是最有效的酸性试剂，最后获得未经鞣制的胶原蛋白以及铬化合物的溶液。

铬鞣革屑的碱水解可以使用 NaOH、KOH、Na_2CO_3、CaO 等碱性物质，固体废物中的三价铬会与 OH^-进行结合形成不溶于水的 $Cr(OH)_3$ 沉淀下来。比起酸水解产生的可溶性复杂物质的分离，碱水解的固液分离显得十分方便。然而，胶原蛋白中的羧基与 OH^-间争夺与三价铬的结合，这会影响到三价铬的脱除效率，因此碱水解比起酸水解的进行需要花费更多的时间。首先用碱处理以提取高分子凝胶化的胶原蛋白，水解残余物进一步用酶处理，以回收较低分子量的蛋白水解物和可回收的铬产品。回收的蛋白质组分含铬量很低，但是随着食品饲料安全法规执行，革屑来源的蛋白无法制造成食品与饲料，不过可以通过络合无机金属盐制取絮凝剂用于废水的处理，或者通过乳液聚合法对胶原蛋白改性，制备造纸表面施胶剂。分离出的铬可以通过化学处理在制革过程再循环利用。

酶水解除铬在适宜的温度下能够在较短时间内将制革废弃物转化为铬产品以及蛋白质产品。相比于酸水解与碱水解，酶水解法有着专一性强、反应时间短、条件温和、不腐蚀设备、能耗低、收率高及不破坏氨基酸的优点。因此，酶法脱铬是高效、清洁回收胶原蛋白、多肽和氨基酸的较为成功的技术路线。此外，酶水解工艺在提取明胶和水解蛋白质之后剩下的铬饼，可以通过添加浓硫酸进行溶解，调节 pH 后过滤除去油类物质可以作为鞣革的鞣剂。

8.3 皮革固体废物的综合利用

8.3.1 生产甲烷（沼气）

将碎皮切成 10 mm 左右的小块，加温使微生物大量繁殖，肉渣中的有机物分解放出 CH_4 气体。油脂含量越多，产生的气体就越多。据统计，1 kg 肉渣在

35℃下消解 20 d，可产生 CH_4气体（净含量为 75%）615 L。如果用不含铬的固体废物消解，其残渣还可用作混合肥料，也可以直接施于农田作土壤改良剂。CH_4气体可用作清洁燃料，为人们提供生产和生活所需的能源。

8.3.2 工业明胶制备

该技术是指将带毛原料皮修边废物经脱毛处理或灰皮边角料经过预处理后采用碱法、酸法、盐碱法或酶法制备工业明胶。制备工业明胶的提胶工艺主要是将浸灰处理完全的含铬革屑进行水解，获得胶原蛋白水解液，然后进行过滤、浓缩、干燥、粉碎。其水解的原理为，在一定的反应条件下，胶原发生一定程度的水解，从而破坏了胶原纤维分子间以及分子内部的共价键和非共价键，将胶原分子释放出来，最后通过加热将胶原内部的氢键打断，释放出明胶。

该技术适用于带毛原料皮、灰皮边角料的资源化利用。对无铬皮固体废物的利用率为 60%以上。由于含铬革屑被认为是危险废物，因此利用含铬革屑制备的明胶只能用于工业领域，而不能应用到其他领域。利用含铬革屑制备工业明胶，不仅解决了固废处理的难题，也实现了固废无害化、资源化循环利用。

8.3.3 用于肥料生产

目前，一些发达国家和地区，如日本、韩国、欧洲等的农业生产都积极采用制革固体废物生产有机肥料。皮革固体废物中含有 N、P、S、K、Ca、Mg、Al、Fe、Cr 等重要的化学元素，由此制备的肥料肥效较好，能为植物提供足够的养分。据资料介绍，由皮革固体废物加工制得的肥料，用于农业生产，可使水稻增产 18%，小麦增产 36%左右。但由于皮革固废涉及重金属铬，用于肥料生产和应用可能会造成潜在的土壤重金属污染，因此，该技术能否在农业上应用，关键取决于如何严格控制皮革固废中的铬含量。

8.3.4 制备胶原纤维和再生革

动物皮是胶原纤维最集中分布的组织，动物皮的95%以上为胶原，它是宝贵的生物质资源和良好的功能性材料。利用皮革固体废物研制纺织胶原蛋白纤维和再生革，不但可开发一种新型的绿色纤维，满足市场对高档纤维面料的需求，而且还可将我国每年产生的大量皮革废物转化为有用的资源，为皮革工业废物的高值利用提供一条新的途径。

8.3.5 制备蛋白填料

该技术将保毛脱毛法回收的废牛毛、废灰碱皮渣、废铬渣经过一系列预处理、水解、改性处理后再经浓缩干燥即得制革用蛋白填料。将制备蛋白填料用于制革的复鞣填充，可弥补天然皮革均一性不好、部位差大、出裁率低、松面、丰满度不好等问题。

8.3.6 制备超微皮粉

皮革废物经过切粒处理、纤维松散、水分调节、超微粉碎和表面改性后得到超微皮粉产品。制备的超微皮粉可以应用于合成革的湿法移膜层，将天然皮革的成分引入合成革中，提高合成革的吸湿透湿性能；也可应用于皮革的涂饰工序，提高皮革涂层的透湿性能和手感。

该技术具有不会产生二次污染、皮革废物的应用范围广等优点，使用该技术对带色皮革固废的利用率为 99%，染色后坯革的修边废物、皮革制品裁剪余料和旧皮革可得到有效的资源化利用。该技术适合牛皮、猪皮、羊皮染色后坯革的修皮废物以及皮革制品裁剪余料及废旧皮革。

参考文献

[1] J Kanagaraj，T Senthilvelan，R C Panda，等. 一种为了制革工业可持续性发展的更环保的环境友好型产物管理体系概述（上）[J]. 西部皮革，2016，38（15）：64-72.

[2] W Pauckner，K Schmidt，邱常华. 原料皮保藏的研究[J]. 皮革科技，1981（11）：45-46.

[3] 闭文妮，洪鸣，陈代红，等. 广西制革工业水污染现状调查及治理对策[J]. 中国皮革，2017，46（8）：36-40.

[4] 陈静，Zach Armitage，沈鹏程，等. 制鞋业中皮革对环境影响的量化评估[J]. 皮革科学与工程，2018，28（1）：19-24.

[5] 陈玲. 生态环境部：加强涉重金属行业污染防控[J]. 皮革科学与工程，2018，28（3）：79.

[6] 陈永芳，刘娜，丁伟，等. 紫外固化水性聚氨酯丙烯酸酯在皮革涂饰中的应用[J/OL]. 中国皮革：1-7[2020-07-23].https：//doi.org/10.13536/j.cnki.issn1001-6813.2020-007-003.

[7] 戴金兰. 高吸收阳离子染色加脂助剂的研制[D]. 成都：四川大学，2004.

[8] 单志华，陈慧. 制革工业亟待迈出低谷[J]. 皮革科学与工程，2016，26（6）：23-28.

[9] 单志华. 深入我国制革工业清洁生产改造[J]. 皮革科学与工程，2011，21（5）：31-35，40.

[10] 单志华. 食盐与清洁防腐技术[J]. 西部皮革，2008（12）：28-33.

[11] 但卫华. 制革清洁生产的现状与生态制革的技术预见（续）[J]. 西部皮革，2012，34（20）：5-9.

[12] 但卫华. 制革清洁生产的现状与生态制革的技术预见[J]. 西部皮革，2012，34（18）：16-21.

[13] 丁绍兰，李玉禄. 原料皮真空保藏技术的研究[J]. 中国皮革，2001（13）：18-21.

[14] 丁志文，陈国栋，庞晓燕. 浸灰废液全循环利用技术应用实例[J]. 中国皮革，2017，46（8）：

66-67.

[15] 丁志文，庞晓燕，陈国栋. 铬鞣废液全循环利用技术应用实例[J]. 中国皮革，2017，46（10）：43，56.

[16] 高孝忠，青籽. 皮革干燥方法的选择[J]. 北京皮革，2020，45（7）：16-19.

[17] 工业和信息化部节能与综合利用司. 工业清洁生产关键共性技术案例[M]. 北京：冶金工业出版社，2015.

[18] 龚正君，欧阳峰，张新申，等. 制革行业清洁化生产研究新进展[J]. 皮革科学与工程，2005（3）：41-46.

[19] 郭翠磊，王飞超. 关于制革企业恶臭气体治理措施的探讨[J]. 化工管理，2014（30）：210-211.

[20] 郭敏，俞从正，马兴元. 欧盟皮革工业清洁生产和污染治理新技术解析[J]. 中国皮革，2010，39（13）：41-43，48.

[21] 郭松，程正平，庞晓燕，等. 谷氨酰胺转氨酶用于皮革鞣制工艺的探讨[J]. 中国皮革，2017，46（12）：6-9，15.

[22] 郭松，庞晓燕，丁志文，等. 利用铬泥制备不浸酸高吸收铬鞣剂的研究[J]. 中国皮革，2017，46（6）：6-9，21.

[23] 国家统计局，环境保护部. 中国环境统计年鉴 2015[M]. 北京：中国统计出版社，2015.

[24] 国家统计局，环境保护部. 中国环境统计年鉴 2016[M]. 北京：中国统计出版社，2016.

[25] 何灿，但年华，张玉红，等. 几种保毛脱毛法及其作用机理[J]. 西部皮革，2014，36（18）：24-29.

[26] 侯春宇. 浅析皮革化工的污染与防治策略[J]. 西部皮革，2016，38（18）：18.

[27] 侯瑞光，蔡瑜瑄，翟原，等. 国际通用的制革鞣制工艺及重金属污染预防技术[J]. 环境，2015（S1）：1，14.

[28] 侯瑞光，苏华轲，官平，等. 制革工业重金属排放特征及污染预防[J]. 广东化工，2015，42（5）：87-89.

[29] 胡静，张晓宁. 简述制革废水处理技术的现状[J]. 西部皮革，2016，38（15）：60-63.

[30] 胡静，张晓宁. 制革废水脱氮处理技术的现状[J]. 西部皮革，2016，38（17）：33-35.

[31] 环境保护部办公厅. 关于征求《皮革及毛皮加工工业污染防治可行技术指南》（征求意见稿）意见的函[EB/OL]. 2014. http：//www.mee.gov.cn/gkml/hbb/bgth/201401/t20140123_266846.htm.

[32] 国家统计局. 环境统计数据[EB/OL]. 2011—2014. http：//www.stats.gov.cn/ztjc/ztsj/hjtjzl/.

[33] 姜楠. 制革工业污染防治“红宝书”——《制革工业污染防治可行技术指南》问与答[J]. 中国皮革，2018，47（7）：65-69.

[34] 蒋旭光，方纯琪，金余其，等. 含铬制革废弃物处理的研究现状和研究思路[J]. 化工进展，2018，37（2）：752-760.

[35] 李桂菊，薛红艳，何迎春. 氯化钾在牛皮防腐上的应用[J]. 西部皮革，1998（5）：3-5.

[36] 李曼尼，李静谊，张景林，等. 含铬废皮屑制备复合型皮革复鞣填充剂[J]. 环境科学学报，2000（S1）：150-153.

[37] 李闻欣. 皮革环保工程概论[M]. 北京：中国轻工业出版社，2015.

[38] 李雪松. 蛋白酶在生皮中的传质及其反应特性研究[D]. 济南：齐鲁工业大学，2019.

[39] 李哲，张黎明，顾闻. 制革废水处理工艺专利技术综述[J]. 信息化建设，2015（10）：181-182.

[40] 李振新. 制革工业废水处理典型工艺技术分析[C]. 科技部. 2014 年全国科技工作会议论文集. 科技部：《科技与企业》编辑部，2014：198.

[41] 刘德杰，谢静，杨方圆，等. 河南省制革及毛皮加工行业发展现状[J]. 广东化工，2017，44（9）：162-165，170.

[42] 刘学芝. 论制革工业重金属铬污染防治措施[J]. 资源节约与环保，2016（8）：184，189.

[43] 龙建君. 低浓度 SO_2 保藏生皮——降低温度和加盐对延长保藏期的影响[J]. 皮革科技，1985（7）：38-42，45.

[44] 龙建君. 亚硫酸盐保藏生皮的实用方法[J]. 西部皮革，1986（4）：63，18.

[45] 卢蓉，刘天宇，谭杰. 集中式园区有益于制革工业发展[J]. 皮革科学与工程，2017，27（2）：72-75.

[46] 吕斌，聂军凯，高党鸽，等. 控制制革含铬废水污染技术的研究进展[J]. 中国皮革，2017，

46（10）：13-20.

[47] 罗建勋，李靖，廖学品，等. 制革清洁化技术的进展[J]. 中国皮革，2011，40（17）：30-33.

[48] 马安博. 我国制革工业发展中存在问题及对策[J]. 西部皮革，2017，39（23）：29-31.

[49] 孟亚男. 制革工业中含铬废水的处理技术研究现状[J]. 山东化工，2018，47（9）：187-189.

[50] 庞晓燕，程正平，郭松，等. 胶原蛋白改性活性艳蓝高分子染料的研究[J]. 中国皮革，2018，47（1）：8-14.

[51] 庞晓燕，李丽，丁志文，等. 皮革工业污染防治技术筛选方法及指标体系[J]. 中国皮革，2012，41（5）：40-42，45.

[52] 彭波，朱君孝.《说文・革部》略说先秦皮革[J]. 陇东学院学报，2012，23（6）：1-3.

[53] 彭波. 先秦时期出土皮革制品的相关问题研究[D]. 西安：陕西师范大学，2013.

[54] 任便利，陈艳，石清侠. 制革工业环境影响评价中的清洁生产分析[J]. 城市建设理论研究（电子版），2018（35）：206.

[55] 邵立军. 低压喷涂技术突飞猛进绿色环保正成为皮革涂饰主旋律[J]. 中国皮革，2016，45（6）：82.

[56] 石碧，王学川. 皮革清洁生产技术与原理[M]. 北京：化学工业出版社，2010.

[57] 陶亮亮，达超超，马雄，等. 制革脱毛工艺的研究进展[J]. 西部皮革，2012，34（2）：35-38.

[58] 万鹏. 四川省制革工业清洁生产技术研究[D]. 成都：西南交通大学，2015.

[59] 汪晓鹏，贺建梅. 皮革染色技术的绿色环保发展方向[J]. 西部皮革，2019，41（23）：20，23.

[60] 汪晓鹏. 制革固废物的综合利用和展望[J]. 西部皮革，2017，39（17）：38-42.

[61] 王立璇，高雅男，王麟. 制革工业废水污染治理现状及对策研究[J]. 化工管理，2017（30）：123-124.

[62] 王树声. 电子射线辐射保藏牛皮的研究[J]. 皮革科技，1988（11）：3-12.

[63] 王学川，商跃美，任龙芳. 制革废水生物处理技术的研究进展[J]. 中国皮革，2016，45（3）：51-54.

[64] 王亚楠，石碧. 制革工业关键清洁技术的研究进展[J]. 化工进展，2016，35（6）：1865-1874.

[65] 王永昌. 用二氧化碳实施超冷却的原皮短期保存法[J]. 西部皮革，2003（4）：57.

[66] 魏善明，王成斌，蔡杰，等. 制革工业中的清洁生产[J]. 皮革科学与工程，2010，20（2）：39-40，44.

[67] 温会涛，张越荣，梁永贤，等. 黄牛鞋面革湿态染整清洁生产工艺研究与实践[A]. 中国皮革协会技术委员会，中国皮革协会皮革化工专业委员会，中国化工学会精细化工专业委员会. 2016 第十一届全国皮革化学品学术交流会暨中国皮革协会技术委员会第 21 届年会摘要集[C]. 中国皮革协会技术委员会，中国皮革协会皮革化工专业委员会，中国化工学会精细化工专业委员会：中国化工学会，2016：1.

[68] 文怀兴. 清洁化皮革真空鞣制技术与设备的研究[D]. 西安：陕西科技大学，2010.

[69] 吴浩汀. 制革工业废水处理技术及工程实例[M]. 北京：化学工业出版社，2010.

[70] 闫皙，路青，付秋爽，等. 制革废水的产生及其处理工艺[J]. 西部皮革，2016，38（4）：3-4.

[71] 杨雪君. 皮革污染治理技术[J]. 西部皮革，2016，38（2）：4-5.

[72] 尹倩婷，王刚，张路路，等. 牛鞋面革制造中浸灰与铬鞣废水循环利用研究[J]. 皮革科学与工程，2016，26（1）：43-49.

[73] 于淑贤. 现代生皮保藏技术文献综述[J]. 中国皮革，1999（17）：3-5.

[74] 于秀娟. 制革工业废水处理技术研究[J]. 科技风，2016（9）：188.

[75] 虞德胜，彭必雨. 皮革行业挥发性有机物的来源及防控[J]. 西部皮革，2018，40（15）：21-23.

[76] 袁俊斌. 通过完善环境管理体系推动集中式制革园区的清洁生产和综合利用[J]. 皮革与化工，2017，34（4）：38-41.

[77] 曾少泽. 雄峰制革有限公司清洁生产管理体系构建研究[D]. 厦门：华侨大学，2017.

[78] 张路路，王刚. 制革行业清洁生产技术进展[J]. 广东化工，2012，39（8）：100-101.

[79] 张越荣，梁永贤，杨义清，等. 基于植物鞣剂的无铬复鞣黄牛鞋面革清洁化生产技术的研究[A]. 中国皮革协会技术委员会，中国皮革协会皮革化工专业委员会，中国化工学会精细化工专业委员会.2016 第十一届全国皮革化学品学术交流会暨中国皮革协会技术委员会第 21 届年会摘要集[C]. 中国皮革协会技术委员会，中国皮革协会皮革化工专业委员会，中国化工学会精细化工专业委员会：中国化工学会，2016：1.

[80] 张志华，张长，孙鹏. 皮革建设项目清洁生产分析[J]. 皮革与化工，2019，36（4）：37-41.

[81] 张壮斗. 制革废液循环利用技术介绍[J]. 中国皮革，2017，46（7）：55，62.

[82] 中国皮革协会. 制革工业节水减排技术路线图. 2015.

[83] 周波. 制革工业鞣制工艺的技术分析与探讨[J]. 科技创新与应用，2015（5）：83-84.

[84] 周万新. 猪原皮防腐保藏的研究[J]. 皮革科技，1985（2）：24-27.